WAC BUNKO

統合幕僚長

我がリーダーの心得

河野克俊

C

はじめに

『統合幕僚長—我がリーダーの心得』を出版して三年が経過した。その間、国内、国際情勢は大きく変転した。今回、新書化するに当たって、先ずはこの間の情勢の変化に対する私の認識を述べたいと思う。

安倍元総理の死

先ず国内情勢という観点から言えば、安倍元総理が亡くなられた事件を上げなければならない。

令和四年七月八日の昼前に、奈良の近鉄西大寺駅前で選挙応援中の安倍元総理が凶弾に倒れた。命だけは取り留めてもらいたいとの願いも空しくご逝去された。海上幕僚長そして統合幕僚長として約六年半に渡りお仕えした身としては、まさに心の空白をどのように埋めるかさえ思い浮かばない状態だった。

海上幕僚長時代の二〇一三年四月、首相に返り咲かれた安倍総理を硫黄島でお迎えした。ご承知の通り硫黄島は日米の激戦地となった場所であり、後に安倍総理は米国議会での演説の中でも硫黄島の戦いを取り上げられた。その硫黄島で安倍総理をお迎えした時の印象は鮮烈だった。視察を終えられた安倍総理をお見送りする際、私の眼前で思いもかけないシーンが展開されたのである。安倍総理は航空機に乗り込む際、スーツのままいきなり滑走路にひざまずかれ、手を合わせて、頭を垂れられたのである。そしてその後滑走路を手でいつくしむようになでられた。報道陣は既に先行して次の視察地である父島に向かっていたので、このシーンは目撃していないし、報道もされていない。したがってパフォーマンスでも何でもない。私も含め随行者は誰一人予期していなかった行動だった。総理は滑走路の下にも日米の将兵のご遺骨が埋まっていることをご存じだったのだ。安倍元総理は心底、戦没者に対する哀悼の念の深い方だった。安倍元総理にとって靖國参拝は正真正銘心の問題であり、政治ではないのだ。また、安倍元総理は国家観、歴史観のある政治家だと評価されている。私はこの場面を目撃し、安倍元総理の国家観、歴史観の根底にあるも

日米の将兵の遺骨が眠る硫黄島の滑走路にひざまずく安倍総理（左は筆者）

のは戦没者への哀悼の念だと確信した。だから本物なのである。リーダーは国家観、歴史観を持つべきだとよく言われる。しかし、その根底に国のために犠牲になられた方々への哀悼の念がない国家観、歴史観は安っぽいものであり、本物ではないと思う。国家リーダーの場合は戦没者への哀悼の念ということになる。

統合幕僚長になってからは、基本的に週一回は自衛隊の動き等について総理に直接報告するようになった。それまで制服組が官邸に頻繁に出入りする光景などあり得なかった。従来、日本では戦前の軍の独走という経験をしていることから、シビリアン・コントロールとは自衛隊を極力政治から遠ざけることだとの考え方が主流だった。しかし、安倍総理は逆で、政治と自衛隊の距離を近づけることが真のシビリアン・コントロールだと考えられていた。

「戦後レジームからの脱却」という大きな理想を抱きながら、そこに至るまでは徹底した現実主義者だった。例えば憲法九条への自衛隊明記を掲げたが、本当は自衛隊に軍隊としての確固たる地位を与えたかったはずだ。集団的自衛権の〝限定的〟行使しかり、慰安婦問題を巡る日韓合意しかり、戦後七十年の八月十五日の総理談話しかりである。ある意味で妥協だが、状況を一歩でも理想に近づけるにはどうすればよいかを常に考え、決断されていた。

安倍元総理の安全保障政策面での功績は、やはり「安全保障法制」の制定であろう。この法律は、新法、自衛隊法等の改正がパッケージになったものであり、非常に複雑なものであるが、日米同盟という観点からは次の二点がポイントである。一つは存立危機事態だ。我が国が直接攻撃を受けていなくても、これにより我が国の存立が脅かされ、国民の生命、自由及び幸福追求の権利が根底から覆される明白な危険がある事態と認定されれば防衛出動が許される。いわゆる限定的な集団的自衛権の行使だ。しかし、これはあくまでも有事の事態である。それに加えて、平時から自衛隊が米艦、米機等を防護できる態勢が整った。

これは平時から目に見えることであり、私が現役時代は、米軍幹部から「日本は変わった」と言われたものだ。逆説的に捉えれば、それまでの日米同盟は脆弱性を含んでいたとも言える。安倍元総理にはそうした隙間がよく見えていて、内閣支持率が落ちることも覚悟の上で、その隙間を埋めたのである。

ウクライナ戦争の勃発

次に国外に眼を転じてみたい。

二〇二二年二月二十四日、ロシアはウクライナへの侵略を開始した。この戦争は「プーチンの戦争」と言っても差し支えない。すなわちプーチン大統領の世界観・歴史観に基づいて始められた戦争なのだ。

プーチン大統領の世界観・歴史観を表すものとしてよく引用されるのが、二〇二一年七月に出された「ロシア人とウクライナ人の歴史的一体性について」という論文である。政治リーダーの論文あるいはステートメントは、その国をいかに導くかという将来ビジョンを語るのが通常だ。しかし、この論文の特異な点は、プーチン大統領の世界観・歴史観を述べたものということだ。しかも今さらである。その内容は、要するに「ロシア、ウクライナそしてベラルーシは三位一体であり、同根である。ウクライナとベラルーシはロシアの弟みたいなものだ。ウクライナ及びベラルーシはソ連の手違いで独立させてしまったのであり、独立国としてふるまっていること自体がおかしい。ベラルーシは今のところロシアに従順であるが、一方でウクライナは、NATOに加盟しようとしている。ふざけるな！」、少々下品な表現になったが、簡単に言えばそういうことである。したがって、プーチン大統領の最終目的は、ゼレンスキー政権を倒し、傀儡政権を樹立して、ウクライナを非軍事化、中立化することだ。要は完全併合である。

ゼレンスキー大統領が、いくらNATOに入らないと口頭で約束しても、紙で誓約すると言ってもプーチン大統領は絶対に信用しない。条約でさえ場合によっては破るためのものだと思っている国であり、現にロシアの前身であるソ連は日ソ中立条約を破っている。彼が信用するのは眼に見える実体、つまり非軍事化、中立化されたウクライナそのものである。

プーチン大統領は、「冷戦直後に米欧諸国はNATOを東方に拡大しないとロシアに約束したにもかかわらず、それを守らなかった」という主張を繰り返している。この「約束」

は、当時の米国のベーカー国務長官やドイツのゲンシャー外相らが口にしたとされるもので、文書として残っているわけではない。そして、二〇〇八年四月のブカレストにおけるＮＡＴＯ首脳会談で、ウクライナとジョージアの将来的なＮＡＴＯ加盟の方針が確認されている。これに反発したロシアは、二〇〇八年にジョージアに侵攻し、南オセチア及びアブハジアを実効支配し、二〇一四年にはウクライナのクリミア半島をハイブリッド戦により実質的に併合した。ロシアはＮＡＴＯが約束を破ったからだと主張するが、文書に残っていないものを根拠にすることは国際政治では通用しない。一方で、先にも述べたように文書として残っていた日ソ中立条約を一方的に破り、八月十五日以降も我が国に侵攻したソ連の歴史を鑑みると、その末裔であるロシアは言える立場にはない。

　ウクライナ戦争に対する現時点での評価を行ってみたい。

　ウクライナ侵攻後の二月二十七日、プーチン大統領は、ショイグ国防大臣とゲラシモフ参謀総長に核部隊の即応レベルを最高度に引き上げるように指示を出した。この場面は全世界に放映されたが、プーチン大統領が長机の最上席に座る一方、両名は長机の端に座り、プーチン大統領との距離は相当離れていた。プーチン大統領の指示に対し、両名は気が進まないような表情で「ダー」（はい）と答えていたが、一般的に話が重要であればあるほど参集者の距離が近くなるものだ。この場面を放映すること自体も異常であるが、核を即応態勢に置くという最重要課題をはるか遠くから指示を出し、しかも軍の意見を聞こうともしない一方通行のこのシーンを見て、軍の最高指揮官であるプーチン大統領と軍との信頼関係及びコミュニケーションに問題があると感じた。

さらに不思議に思ったことは、二カ月近くたっても総司令官が任命されなかったことである。当初、キーウ制圧とゼレンスキー政権の崩壊を目的とする北部戦域、ドンバス地方を制圧する東部戦域そしてアゾフ海及び黒海沿岸地域を制圧する南部戦域でほぼ同時に戦端が開かれた。ロシア参謀本部が主導権を取って戦争計画を立案していたのであれば、当初から各戦域を統括するいわば「ウクライナ派遣軍総司令官」を任命するはずである。日露戦争では日本陸軍は、戦時編成として「満洲軍」を編成した。総司令官は大山巌元帥であり、総参謀長は児玉源太郎大将だった。その隷下に第一軍、第二軍、第三軍、第四軍、鴨緑江軍等が編成され、旅順攻略を担当した第三軍司令官が乃木希典大将だった。

総司令官がいないことをもってしても軍が主導権を取って、この戦争を開始したようには見えない。四月半ばになってやっとドボルニコフ大将が総司令官に任命されたが、その後総司令官は頻繁に交代し、現在は、ゲラシモフ参謀総長が総司令官を兼務している。このこと自体が極めて異例である。

プーチン大統領は、ウクライナ戦争をいまだに「特別軍事作戦」と称している。これは、最初に述べたようにプーチン大統領の頭の中では、ウクライナは外国ではないのである。外国でない以上「戦争」ではなく、「特別軍事作戦」ということになる。したがって、ウクライナ問題は国内治安問題であり、当初国内治安を担当するFSB（ロシア連邦保安庁）が主導権を握って遂行していたのではないかと思われる。その結果、当初の見積もりの甘さの責任を取らされて担当局長以下大量のFSB職員が処分されたとの報道があったことは衆知のとおりである。このようにウクライナの戦域に、指揮系統の異なるFSBとロシア軍が混在し、それに加え民間軍事会社、チェチェンのカディロフ軍団等も入っている。しかもFSBはロシア軍を監視する任務も負っていることから、相互にけん制し合っていると考えられる。そのため、ロシア軍の前線指揮官は臨機応変な行動が取りにくく、指示待ち状態に陥るケースが多々あるのではないか。そこで思い通りに動かない前線部隊を督戦するため将官クラスが前線に出向き、狙い撃ちされるという負のスパイラルに陥っているとみられる。

西側陣営にもNATOの東方拡大がロシアを追い詰めたという見方があるが、それにはうなずけない。これはプーチン大統領のオウンゴールであるが、ウクライナ戦争を受けてスウェーデンとフィンランドがＮＡＴＯ加盟の申請を行った。フィンランドは既にＮＡＴＯに加盟した。フィンランドのＮＡＴＯ加盟は言わば究極のＮＡＴＯの東方拡大である。これに対しプーチン大統領は、ロシアに脅威を与えるような装備を配備すれば、それには対抗するとは言っているが、ＮＡＴＯ加盟そのものには特段異議を唱えていない。それは、スウェーデンとフィンランドは外国だからである。すなわちプーチン大統領の視点は、あくまで身内のウクライナがロシアから離れることは許さないということなのである。

いずれにしても、プーチン大統領の当初の目論見が外れたことは明らかであり、現時点ではドンバス地方の制圧に焦点を絞っているようであるが、ドンバス地方は、二〇一四年から戦闘が続いていた地域であり、ドンバス地方を抑えたところで、プーチン大統領が目指したウクライナの中立化、非軍事化が達成されたことにはならない。プーチン大統領が大きな代償を払ってまで始めた戦争をどのように収支決算するのか、誰も予測することができないが、少なくとも言えることは、プーチン大統領が当初目指したウクライナ全土の中立化、非軍事化は極めて困難になったということである。

一方でウクライナは主として南部戦域で反転攻勢を仕掛けているが、ロシア軍の地雷原等による重層的な防御陣地に阻まれ思い通りには進んでいないようである。これはウクライナ軍が米国を中心とするステップ・バイ・ステップの軍事援助に依存しており、それが結果として戦力の逐次投入となり、決定打が打てないためと思われる。現時点では一進一退の攻防が継続しており、長期戦の様相を呈している。

世界の安全保障に及ぼした影響

次にウクライナ戦争がいかに世界の安全保障に影響を及ぼしたかを戦略的な視点で見てみたい。

ウクライナ戦争が、戦後の世界の安全保障に一大転機をもたらしたことは確かであり、当然のことながら日本の安全保障にも大きく影響することになった。

すなわち、ウクライナ戦争は、第二次世界大戦後、世界の人々が信じて疑わなかった安全保障の二つのスキームを大きく突き崩すことになった。

第一は戦後の核管理を支えてきたＮＰＴ体制つまり核不拡散条約体制の実質的な崩壊である。ＮＰＴすなわち核不拡散条約は、核軍縮を目的に一九六八年に国連総会で採択され、一九七〇年に発効した。百九十カ国が加盟しているが、インド、パキスタン、イスラエルは未加盟であり、北朝鮮は脱退してから、核開発を進めている。しかし、世界は北朝鮮の脱退を認めていない。北朝鮮は別にして、インドの核はパキスタンに向けられ、パキスタンの核はインドに向けられている。イスラエルの核はイランとアラブ諸国がターゲットである。その意味ではこれらの核はローカルなものであり、世界戦略的な影響力はない。結果として、NPT体制は世界の規範として今まで機能してきたことは間違いない。

NPTは米国、中国、イギリス、フランスそしてロシアの五カ国以外の核兵器の保有を禁止する条約である。つまり五カ国に核の保有・管理は全面的に委ねて核兵器の拡散を防ごうとするものであり、核軍縮の責務も負わせている。しかし、その前提は、核保有国である五カ国が、いわば「大人で分別がある立派な国」だということだ。少なくとも世界がそれを信じないことにはこの話は進まないのである。元々変な話ではあるが、建前はそういうものだ。なぜ、こんな変な話になったかと言えば、NPTが発効した一九七〇年には五大国は既に核兵器を保有しており、それを既成事実化し、それ以上核保有国を増やさないようにしたのがNPT体制だとも言える。話を元に戻せば五大国は立派な国々なので、五大国以外の国々は核を持たなくても安心して下さいということになる。ところが今回のロシアによるウクライナ侵略は、少なくともロシアは「大人で分別がある立派な国」でないことを白日の下にさらすことになった。ロシアは、軍事作戦遂行中に非核保有国であるウクライナに対して核の恫喝・威嚇を行ったのである。さらに二〇二二年五月九日のロシアの戦勝記念日の演説でプーチン大統領は、ウクライナを軍事支援しているNATO諸国に対し、軍事支援し続ければ電撃的報復を行うと言った。核という言葉は使っていないが、核の使用をチラつかせたと世界は受け止めた。このことは、NPT体制が想定していなかったことであり、NPT体制への信頼が大きく損なわれる結果となった。つまりウクライナ戦争を契機に核拡散の可能性が出てきたということだ。これは日本の安全保障にも当然のことながら大きく影響することになる。すなわちウクライナ戦争は北朝鮮の核保有に正当性を与えてしまったのである。今までの北朝鮮の核問題に対する交渉のベースは、核を廃棄すれば経済制裁を解き、経済援助し、体制を保障するというものであったが、今後は、北朝鮮は核保有国として認めろ、と主張してくるはずだ。残念ながら北朝鮮の非核化の可能性は限りなくゼロになったと言える。その結果、日本は、中国、ロシア、北朝鮮という核を保有する専制国家に取り囲まれるという世界で最も厳しい戦略環境の中に立たされることになった。この現実を前提に我が国は今後の防衛戦略を練り直す必要があるということとだ。

第二は、核戦争の可能性を考慮し軍事的に動かない米国を世界は初めて見たということである。

ここで一九九一年の湾岸戦争を想起してほしい。この戦争は当時のイラクのサダム・フセイン大統領が隣国クェートを侵略したことにより生起した。フセイン大統領の理屈は、簡単に言えば「クェートが独立国として大きな顔をしていること自体が我慢ならない。クェートは本来イラクのものだ」というもので、プーチン大統領の理屈と全く同じである。そこで当時のブッシュ大統領（父）は、「これを放置すれば、冷戦後の国際秩序は崩壊する」として米軍を中心に約三十カ国で多国籍軍を編成し、一カ月でイラク軍をクェートから放逐した。その後、息子のブッシュ大統領はイラクが核兵器を保有しているとして、二〇〇三年にイラク戦争を開始し、最終的にサダム・フセイン大統領を捕獲している。

一方、ウクライナのケースも、ロシアが自国の安全保障を名目として、隣国ウクライナを侵略したわけであり、事象としてはイラクのクェート侵略と何ら変わりはない。しかし、ウクライナの場合、米国のバイデン大統領は、早々に軍事介入はせず、厳しい経済制裁で対応することを宣言した。ウクライナはＮＡＴＯ加盟国ではないので米国は軍事介入しなかったという見方もあるが、湾岸戦争当時も米国はクェートに対して何ら軍事的義務は負っていない。それでも米国は軍事介入したのだ。何が米国の対応にこのような違いをもたらしたのか？　それは、イラクは非核保有国であり、バイデン大統領も明言しているとおりロシアは核大国だからである。米国がウクライナに軍事介入すれば、ロシアと直接ぶつかることになり、核戦争へエスカレーションする可能性があるから軍事介入しなかったのだ。

台湾海峡、尖閣諸島問題を抱える我が国の最大の脅威は中国だが、中国はロシア同様NPT体制を支える核大国である。我が国は、核抑止を米国の「核の傘」に全面的に依存している。我が国の場合、核の脅威にさらされた時には米国は「核の傘」をかけてくれることになっているが、あくまで「はず」なのだ。どこにも明文の規定はなく、念書もない。日米の信頼関係に頼っているのである。

一方、米ソ冷戦時代、米ソ対立の最前線であったヨーロッパ各国とりわけ西ドイツは、自国の生き残りをかけて米国との核シェアリングを選択した。これは当時通常戦力で勝るソ連を中心としたワルシャワ条約機構軍が怒涛のごとく西ヨーロッパに進撃してきた場合、これを戦術核で押しとどめようする構想の下、米国の戦術核を西ドイツに持ち込ませた。

それらをNATO管理とし、欧州諸国が米国と協議して核の使用の是非を決めるというものである。これはダブル・キーと呼ばれるが、核使用が決定されたら、西ドイツの航空機も戦術核を搭載して出撃し投下することになっており、この方針は今のドイツでも堅持されている。ドイツは自国の生存を全面的に米国の判断に依存するのではなく、ドイツ自身も責任を負う選択をしたのである。米ソ冷戦中、日本では、日米同盟に反対する人達は日米安保条約があれば日本は米国の戦争に巻き込まれると言っていたが、西ドイツは自国の安全保障のために米国を自国の戦争に巻き込むという選択をしたのである。

冷戦時代、日本も極東ソ連軍と対峙していたが、世界の戦略地図から見ればヨーロッパが第一戦線であり、極東地域は第二戦線であった。当時から日本は「非核三原則」を堅持しているが、今や、我が国の核を巡る戦略環境は、大きく三つの点で変化したと言えよう。

第一は、先程も述べたとおり、今後の世界においては、核拡散の可能性が出てきたということである。少なくとも北朝鮮の核廃棄は望めなくなった。

第二は、「核の傘」を提供してくれるはずの米国が、ウクライナ戦争では核戦争を考慮し軍事的に動かなかった。いわば米国がロシアの核に抑止されたとも言える。

第三は、米ソ対決を軸とした冷戦時代の世界の安全保障の最前線はヨーロッパ、とりわけ「ベルリンの壁」を挟んだラインであった。すなわち西ドイツが米国側の最前線に立っていたわけであるが、今後の安全保障の対立軸は米中であり、ウクライナ戦争でロシアの国力の低下は避けられないとなると、米中対立は益々鮮明化するはずである。そうなると日本は何もしていないにも関わらず、日本の周りの戦略地図がガラガラと音を立てて回転し、気が付くと日本の後ろに米国が、前に中国が立っている状況になってしまった。すなわち日本は世界の安全保障の最前線に立ってしまい、冷戦中の西ドイツと同じ立場になったのである。しかもアジアではNATOのような集団的自衛権のネットワークは存在しない。今まで日本は非核三原則を取ってきたが、このような劇的とも言える核を巡る戦略環境の変化を踏まえ、我が国は、核抑止力の信頼性向上という観点から、核シェアリングを含めて核抑止についてタブーなしに議論する段階を迎えていると言えよう。

台湾問題について

次に台湾問題について述べてみたい。

日本軍が中国大陸から撤退したのち、国共合作により共同戦線を張っていた中国共産党と国民党は再び内戦状態に陥り、最終的には中国共産党が勝利し、蔣介石率いる国民党は台湾に逃れた。その結果、毛沢東は一九四九年十月一日天安門で建国を宣言し、中華人民共和国は誕生した。この時に毛沢東が勢いに乗って台湾に攻め込んでいれば、その時点で台湾問題は解決していたはずである。しかし、毛沢東はしなかった。というよりできなかった。なぜなら当時の人民解放軍は陸軍主体であり、海軍は極めて脆弱なため台湾海峡を渡ることができなかったわけである。毛沢東そして実質的にその後を引き継いだ鄧小平の時代の中国は純粋な大陸国家であり、全く海洋に対する関心がなく海洋に眼を向けていない時代だった。したがって、台湾問題はいずれ解決できればいいという感覚だったと思う。それよりも毛沢東は国内を治めることに手いっぱいだった。急速な経済立て直しのために大躍進運動を発動したが、大失敗に終わり何千万人規模の餓死者が出たと言われている。さすがに責任を問われて毛沢東は権力の座を追われ、劉少奇が中国を率いることになるが、権力は失っても権威は保っていた毛沢東は紅衛兵等を動員して文化大革命を引き起こす。その結果、一千万から二千万の犠牲者が出たと言われている。習近平の父親の習仲勲も収監され、習近平も地方に下方されたことは衆知のとおりである。加えて、インドとの国境紛争、一九五〇年にはチベット侵攻、今に続くウイグル、内モンゴル等への弾圧、一九六九年にはソ連との間で国境紛争が勃発している。いわゆるダマンスキー島（中国名は珍宝島）事件である。鄧小平いたっては一九七九年に「懲らしめてやる」でベトナムに侵攻している。このように当時の中国指導部である中南海の眼は内陸に向いており、海洋へは全く向いていなかった。当時の中国は米国、日本と手を組んでソ連に対峙するという戦略環境にあったのである。今とは正反対である。

一九七六年に毛沢東が亡くなり、実質的に後を継いだ鄧小平は一九八〇年代に入り「改革開放」を提唱し、政治体制は社会主義を維持するが、経済は資本主義の考え方を導入し、二〇〇一年にはＷＴＯ（世界貿易機関）にも加盟する。そして、今では中国はＧＤＰ世界第二位の経済大国にまで発展した。また鄧小平は「改革開放」と併せて海軍力の増強を命じている。その結果、現在、数量的には米海軍を凌駕している。質的には米海軍の方が上との見方もあるが、米海軍は全世界に展開しており、少なくとも台湾海峡周辺海域に限れば明らかに米中の軍事バランスが中国優勢に傾いている。米軍が台湾問題に危機感を感じているのはまさにこの軍事バランスの逆転に起因している。

経済発展した国家は必ず海洋に眼が向く。豊富な資源を有する海洋、貿易路も海上交通が主流だ。中国も例外ではない。中国の海洋進出は経済発展の結果だと言える。習近平が

「海洋強国」を目指すと述べているとおり、今や中国は大陸国家から海洋国家へ変貌しようとしている。しかし、その海洋進出が国際法を無視し、マナーをわきまえず、特に東シナ海、南シナ海に見られるように力による現状変更方式であるため、日米豪等の伝統的な海洋国家とぶつかることになる。加えて経済大国第二位になったがゆえに経済大国第一位の米国の視野に入り、米中は衝突コースに入ることになった。戦前の日米対立と同じように米中対立は大きな歴史のうねりとして捉えるべきであり、生半可な対応策では回避できるものではないと思う。習近平国家主席の心境を平易に言い表せば「米国と対決せざるを得なくなった中国を率いることになってしまった自分」というものであろう。

米中対立ということになれば、舞台は海洋ということになる。具体的には太平洋、東シナ海、南シナ海である。その中国が海洋で米国と対峙する上で前提となるのは、東シナ海から南シナ海を囲むいわゆる第一列島線内を固めることである。何かあれば第一列島線内を排他的にコントロールできる態勢を確立したいはずである。その場合、中国にとって解決しなければならない問題が三つある。それは香港、台湾そして尖閣諸島である。ご承知のとおり香港は一国二制度五十年の約束を反故にされ、国家安全維持法等により完全に抑え込まれた。残された課題が台湾と尖閣諸島ということになる。すなわち中国にとって台

中国が想定する第一、第二列島線

湾と尖閣諸島は香港と同列であり、中長期的に米国と対決していく上でそれまでに解決しておかなければならない課題と捉えるべきだ。

中長期的な米中対決において、中国が思い描く戦略目的は、米国の影響力を極力アジアから排除することだと思う。いわゆる太平洋二分論である。太平洋を二分し西側を中国の影響圏とするものであり、これをG2論ともいう。

台湾有事は日本有事と言われる。そのイメージは、台湾が有事になれば、距離の近さから日本も戦闘に巻き込まれるというものが一般的だ。しかしそればかりではない。台湾が中国の領土となれば、我が国の重要なシーレーンである台湾海峡の両岸が中国ということになる。ご承知のとおり、何かあれば中国は経済的な制裁、威圧を頻繁に加える国である。台湾海峡が中国のコントロール下に入れば、日本は経済的な動脈を中国に抑えられるということになり、その結果、我が国は中国の影響下に入らざるを得ない状況になることも十分にあり得るのだ。まさに台湾問題は我が国の問題として捉えなければならない。決して対岸の火事ではないのである。

今後の世界の構図

最後に、イスラエルとハマスの戦闘を中心とした中東情勢について見てみたい。

二〇二三年十月七日ハマスが突如としてイスラエルにロケット弾数千発を撃ち込み、それに対してイスラエルは自衛権を発動し激しい戦闘が続いている。一般的には米国がイスラエルとサウジアラビアの国交正常化交渉を仲介したため、孤立感を深めたハマスが奇襲に打って出たと見られている。しかし、ハマスの背後にはイランがいると言われており、イランはウクライナ戦争においてロシアを支援している。ハマスの地下トンネル、パラグライダーによる攻撃は北朝鮮特殊部隊の戦術に近いと見られており、北朝鮮がウクライナ戦争を通じてロシアと緊密に連携していることは衆知の事実だ。ロシアにとっては中東の戦闘が激化し、米国の軍事支援がイスラエルに向うことはウクライナ支援に回る米国の軍事資源が目減りすることを意味し、さらに米国におけるユダヤ・コミュニティーの影響力を考えるとイスラエルとハマスを巡る戦闘の長期化は、ロシアにとって悪い話ではない。台湾問題において何としても米国の介入を避けたい中国としても米国の注意力がウクライナと中東に分散されることは、これも決して悪い話ではない。その意味で、中国による台湾侵攻の敷居はより下がったと見るべきだ。

今や世界は、ウクライナ、中東、台湾という三つのホットスポットを抱えることになってしまった。それに伴い世界の構図も明確化しつつある。従来の世界秩序を維持しようとする米国を中心とした自由主義陣営、これに挑戦し新たな世界秩序を構築しようとする中国、ロシア、北朝鮮、イラン等のいわゆる専制主義陣営、そして二つの陣営の間で中間的な位置にいる、いわゆるグローバルサウスといわれる諸国である。パワーゲームという観点からは自由主義陣営と専制主義陣営の対立が先鋭化し、グローバルサウスの国々は両陣営の争奪戦の場になる様相を呈している。すなわち、三つのホットスポットを個々別々に捉えると見誤ることになる。これらは関連性を持っており、俯瞰的に見る必要があるということだ。

いずれにしても今後の世界秩序は、警察官がいない、安全保障のタガがはずれた状態から築かれようとしている。

その意味で、我が国は「戦後レジューム」から一刻も早く脱却し、真の意味での防衛態勢の強化を図らなければならない時を迎えているのだ。

このような混沌とした時代を迎えて、本書が読者の安全保障と自衛隊への認識と理解に多少でも寄与できることを願って、新書化し再度世に送るものである。

令和五年十二月吉日

河野 克俊

統合幕僚長

我がリーダーの心得

◉目次

※この本は二〇二〇年九月に当社より刊行された単行本『統合幕僚長』を加筆修正し、ワックブンコ化したものです。

装幀／須川貴弘（ＷＡＣ装幀室）

プロローグ　北朝鮮のミサイル

令和五年十一月二十一日、北朝鮮が軍事偵察衛星を打ち上げ、日本中が大騒ぎになった。これより約八年前にも同様のことが起きていた。

平成二十八年（二〇一六年）二月二日、北朝鮮は二月八日から二十五日の間に、南に向かって「人工衛星」を発射すると予告してきた。

予想される飛翔ルートは、日本の南西諸島上空。北朝鮮は人工衛星と称しているが、事実上の長距離弾道ミサイルである。

二月二日の北朝鮮の予告を受けて、翌三日に中谷元《げん》防衛大臣は破壊措置命令を発令した。自衛隊は、迎撃ミサイルSM－3を搭載したイージス艦三隻を日本周辺海域に展開させた。さらに、地対空誘導弾PAC3ミサイルを沖縄二カ所と首都圏に配備した。より万全を期すため、石垣島、宮古島にもPAC3を配備することにした。

宮古島には、輸送艦「くにさき」でPAC3を運んで、二月八日までには配備できる手はずであった。

ところが、二月六日になって、北朝鮮は予定よりも一日前倒しして、七日に発射する旨を通告してきた。このままでは宮古島への配備が間に合わない――。

その日の海は荒れていた。

輸送艦を全速力で宮古島に向かわせれば何とか間に合う。しかし、輸送艦に同行しているタグボートは速力が遅く、輸送艦についていけない。

通常、輸送艦や護衛艦が入港する際は、タグボートの支援が必要となる。特に、輸送艦のような大型艦にはタグボートは必須である。部下からはタグボートなしでの七日の宮古島への入港接岸は不可能だとの報告が何度も上がってきた。

しかし……。私は、一つの決断を下し、命令した。

「あとの責任は自分がとるので、タグボートなしで入港せよ」

タグボートなしでの入港は大きなリスクを伴う。しかも強風の中である。入港に失敗すれば、艦や岸壁を損傷するだけでなく、油の流失さえ考えられる。また最悪PAC3そのものを損傷してしまうかもしれない。それでは元も子もない。

入港失敗のリスクはあるにせよ、ＰＡＣ３配備を間に合わせることが国の安全にとって最優先と判断し、タグボートなしでの入港を命じた。現場の指揮官は絶句したと思う。自分でも確証はなかった。それでも、私は艦長の伊保之央《いほゆきお》君を信頼して任せることにした。

命じたのが夜だったため、防衛省でジリジリ待つ姿を部下に見せるより、任せた以上徹底的に任せるべきだと考えて、私は防衛省近くの官舎に戻り就寝した。任せてかえってスッキリしたのか思いのほかよく眠れた。

明け方になって、運用を担当する課長から電話があり、「無事入港しました」との報告を受けた。それを聞いてホッとするとともに、みんな本当によくやってくれたと思った。

正直に言うと、私は、伊保艦長のことも、その技量もよく知らなかった。ただ、海上自衛隊は輸送艦のような大型艦の艦長には海上経験が豊富で、それなりの操艦技量を有している者を任命しているはずだ。そこに賭けた。

後で聞くと、伊保艦長は最終的には任されたことを意気に感じて、入念に入港計画を立てて勇気をもってやってくれたそうである。その話を聞いて嬉しく感じるとともに、このようなリスクを伴う決断はトップにしかなし得ないこと、そしてトップは腹をくくる覚悟が必要だと痛感した。これはビジネス界を含むあらゆる世界で言えることだと思う。

輸送艦は宮古島に明け方までに入港し、PAC3の配備は間に合った。

北朝鮮は、七日の午前九時半ごろ、テポドン2号派生型と見られる飛翔体を発射した。

沖縄上空を越え太平洋に通過したため、結果として破壊措置は行わなかった。


私は平成二十四年七月二十六日から二十六年十月十三日まで海上自衛隊トップの海上幕僚長を務めた。海上幕僚長として各部隊の現状を把握するために各地を視察したが、私の主たる目的は視察の機会を通じて若い隊員も含めて隊員に講話をし、自分の考えを伝えることだった。その際、統率の模範の例として旧海軍の木村昌福《まさとみ》中将のことを話していた。

木村中将は海軍兵学校を出ているが、卒業成績は百十八人中百七番で、海軍省や軍令部での勤務はなく、ほとんど第一線で勤務した生粋《きっすい》の船乗りだ。

木村中将が有名になったのはキスカ島撤収作戦（一九四三年）である。これは太平洋戦争中におけるパーフェクト・オペレーションと呼ばれている。三船敏郎主演で『太平洋奇跡の作戦　キスカ』のタイトルで映画化もされた。その木村中将が、指揮官としての心得として次の事項を上げているそうである。

「無理やり突っ込むは匹夫《ひっぷ》の勇《ゆう》」

「部下を思う至情と指揮官の気迫と責任」

「部下が迷ったときに何らかの指示を与え、自分の立場、責任を明確にせよ」

以下は、産経新聞二〇一九年十二月二十三日の産経抄に載っていたエピソードである。キスカ撤収作戦より前に木村中将が軍艦の艦長をしている時のエピソードと思うが、「ある海戦で敵機九機が左右から襲来し、木村の艦に向け腹に抱えた魚雷を投下した。右をかわせば左が……判断を任せていたベテランの航海長も迷ったのか、木村の顔を見た。『真っ直ぐに行け』。木村は間髪を入れずに命令して、魚雷をかわした」。続けて、「木村提督も確信があっての命令ではなかったかもしれない。しかし、全ての責任を取る覚悟を持って最後の言葉を下すのがリーダー。逆に責任転嫁する、決断できない人が多くないか。それはリーダーとは言えない」との解説があった。

まさに我が意を得たりである。

一方でキスカ撤収作戦においては、指揮官の資質として別の側面も見ることができる。キスカ島撤収作戦は、近接するアッツ島の玉砕を受けて、米軍の攻撃前に五千百八十三名の守備隊をキスカ島から撤収させる作戦で、濃霧に紛れて実施することが必須の条件だった。木村中将はキスカ島近傍で三日間、十分な濃霧が現れるのを待っていたが、キスカ島で待ちわびる将兵、軍上層部の督促等の中、その時は引き上げる決断をした。

私は、自己の経験から指揮官しか撤収あるいは作戦中止を決断できないし、決断しなければならないと思っている。「引く」決断はある意味「進む」決断よりも難しい。


二月のミサイル発射を皮切りに、北朝鮮は挑発的な動きを活発化させた。平成二十八年だけで二十発以上のミサイルを発射。日本の漁船が操業しているEEZ（排他的経済水域）内に落下する危険なミサイルも撃ってきた。核実験も再開させた。

この動きは平成二十九年になっても収まるどころかエスカレートする一方だった。日本海、日本上空越え、グアム、ハワイ、西海岸へと射程を伸ばし、ロフテッド軌道（通常の発射方法より角度を上げ、高い高度に打ち上げられた弾道ミサイルの飛行経路）を使ってワシントンにまで達すると見られるミサイルも発射した。

米国も黙っておらず、日本海に三個空母打撃群を展開させ、戦略爆撃機B1、B2、B52を次々と朝鮮半島に向けて飛行させた。

平成二十九年後半は、米朝は一触即発。何が起こってもおかしくない状況だった。朝鮮半島で有事となれば、日本にも危険が及ぶ。国民を守るために、自衛隊は全力で対処に当たらなければならない。

当時、私は統合幕僚長だったが、私なりに責任を果たすべく努力したつもりである。統合幕僚長としての在任は歴代最長の四年半に及んだ。だが、振り返ってみると、統合幕僚長はおろか、自衛官になれたことすら奇跡と思わざるを得ないほど、多難な半生だった。

本書は、一自衛官としての日々を綴った記録であるが、制服を脱いだ今、防衛大学校を含めて国の安全保障に深く関わった四十六年間で得た教訓や経験について読者のみなさんのなにかしらの参考になればと思いペンをとった次第である。

第一章

防衛大学校に補欠合格

上　防衛大学校の入校式当日（昭和48年4月5日）。
真珠湾攻撃にも参加し、戦後は海上自衛隊の海将補となった父・克次（かつじ）と共に。

下　防衛大学校卒業式（昭和52年3月27日）。
猪木正道校長より卒業証書を受取る。

洞爺丸台風の年に函館で生まれた

昭和二十九年十一月二十八日に、私は北海道函館市で生まれた。

父は、当時海上自衛隊の函館基地隊司令を務めていた。私が生まれた昭和二十九年は、防衛庁・自衛隊が誕生した年でもある。父は海上自衛隊の初代の函館基地隊司令であった。

北海道で日本海難史上、最大の惨事が起こったのもこの年だった。

九月二十六日に台風十五号が函館を襲い、青函連絡船「洞爺丸《とうやまる》」が沈没した。死者・行方不明者は千百名を超えた。この台風は「洞爺丸台風」と呼ばれている。水上勉の小説『飢餓海峡』の題材ともなり、この惨事が契機で青函トンネルの構想も生まれた。

台風当日、父は当然災害派遣で出動し、救助活動に専念した。

後日、父は、酒を飲みながら、洞爺丸台風の救助活動のことをよく話してくれた。

函館にはロシア正教の教会があるが、神父さんと思われる人の遺体が浮かび上がってきて、救命胴衣を付けず、胸のところで手を組んでいたという。他の人を助けるため、自分の救命胴衣を渡して、亡くなったのであろう。その神父さんのことを、父は「立派だった」

といつも言っていた。

父が救助活動をしているころ、身重《みおも》の母は必死になって子供たちと共に台風に耐えていた。ちなみに、私は五人きょうだいの四番目でまだ生まれていない。上に姉、兄、兄がいる。

一家で官舎に住んでいたが、激しい風に煽られて、官舎の屋根が吹っ飛んだそうである。隣に民間企業の社宅があったので、母は、子供たちの手を引いて、匍匐《ほふく》前進で官舎から社宅まで逃げ込んだそうである。

そんな大変な状況から約二カ月後に、私は生まれた。

海軍士官、海上自衛官だった父

父は、明治四十三年生まれ。大分県の出身で、旧制中津中学から、舞鶴にあった海軍機関学校に入校した（第四十期生）。昭和六年に卒業して、機関科将校の道を歩んだ。当初は水上艦艇に乗艦していたそうだが、その後、潜水艦乗りに転じた。

昭和十六年十二月八日、太平洋戦争（大東亜戦争）が始まった。

山本五十六司令長官率いる連合艦隊は真珠湾攻撃を敢行した。父は潜水艦「伊十六」の機関長として真珠湾攻撃に参加した。

真珠湾では、航空機による攻撃に加えて、水中からの攻撃も行われた。潜水艦に小型の特殊潜航艇を搭載し、湾口近くまで潜水艦が特殊潜航艇を運び、同艇を発進させて魚雷攻撃を行うというものだった。

この作戦には五隻の特殊潜航艇が投入され、各艇に二名が乗艇した。戦争末期に投入された特攻兵器である「人間魚雷」と違い、特殊潜航艇は決して特攻兵器ではなく、生還が前提だった。生還を前提とする作戦であるため、山本司令長官が特殊潜航艇の投入を許可したのである。

五隻の特殊潜航艇で、各艇二名、計十名の乗組員が参加したが、残念ながら九名の方が戦死された。残る一名、酒巻和夫少尉は、太平洋戦争における捕虜第一号となった。

酒巻少尉は、名誉ある死を望んだが、捕虜の身ではそれも許されなかった。この方は山崎豊子の遺作となった小説『約束の海』の主人公の父親のモデルとされ、戦後はビジネス界で活躍されたと聞いている。

戦死された九名の方は「九軍神」として祀られ、二階級特進された。

父が機関長として乗艦した「伊十六」からは、横山正治中尉（戦死後、少佐）と上田定二《かみたさだむ》兵曹（同、兵曹長）が乗艇した特殊潜航艇が発進された。

横山中尉は鹿児島県出身であり、岩田豊雄（獅子文六）の小説『海軍』のモデルになっている。この作品は北大路欣也主演で映画化もされた。

横山中尉がいざ攻撃に向かうため特殊潜航艇に乗艇する際に、父が「何か書き残すことはありませんか」と、巻紙と墨を差し出すと、横山中尉は「神明に誓って必勝を期す」「真珠湾頭敵艦隊を望む　大快挙に就く　名月亦朗らかなり」と書き記し、にっこり笑って乗艇していったそうである。この時の様子を父は「真珠湾勇躍艇に乗り込みし　友の笑顔を今も忘れず」と記している。父はこの二人の海軍軍人を「実に潔く、立派だった」とよく言っていた。

横山中尉二十二歳、上田二兵曹二十五歳であった。

その後も父は潜水艦乗りとして作戦に従事し、終戦を呉の海軍潜水学校の教官で迎えた。戦後は復員局、海上保安庁を経て海上自衛隊に進み、昭和三十七年に、横須賀にある第二術科学校長を最後に定年退官した。当時は定年将補という制度があり、定年に伴って将補（旧軍の少将に相当、以下カッコ内は同じ）に昇任した。

父は潜水艦乗りだったこともあり、定年後は、湯浅電池（現ＧＳユアサ）に顧問として再就職した。今もそうだが、潜水艦は神戸の三菱重工と川崎重工が交替で造っており、当時は湯浅電池がバッテリーを納めていた。

湯浅電池の本社は当時大阪の高槻市にあったため、父の再就職に伴って、一家は横須賀から大阪に転居し、茨木市にある湯浅電池の社宅に入居させてもらうことになった。私が小学校二年生のときである。ちなみに妹は幼稚園前だった。今まで官舎でしか過ごしたことがなく、それはいずれも平屋建てであったが、社宅とはいえ二階建てであり、子供心に感激したことを覚えている。

「防衛大に行く？　気は確かか」――自衛隊との「ソーシャルディスタンス」

私の兄弟姉妹は、姉が昭和十八年生まれ、兄が昭和二十二年生まれと二十五年生まれ。私は二十九年。妹は三十三年生まれで、五人兄弟である。

海軍士官と海上自衛隊幹部を務めた父は、「海上自衛隊はいずれ必ず海軍になる。こんな中途半端な海上自衛隊のままのはずがない。必ず海軍になる」と信じて疑わなかった。

私は子供心に「そんなことはないだろう」と密かに思っていた。現時点では私の見通しの方が正しかったわけである。それもあってか、男三人のうち、誰か一人は自分の跡を継いでもらいたいという希望を常々公言していた。

横須賀に住んでいる頃は、長兄が「自分が海上自衛隊に行く」と言っていた。横須賀には防衛大学校（以下、防大という）があり、制服を着た防大生が街中を歩いている。自衛隊は比較的身近な存在だった。

ところが、大阪に転居してからは事情が違った。

大阪の風土は、当時は少なくとも自衛隊とはかなりの距離があった。今でいう「ソーシャルディスタンス」である。大阪では「また負けたか八連隊」という言葉がある。大阪の連隊は弱いと揶揄《やゆ》する言い方だが、実際はそんなことはないと思う。当時は一部の熱烈な自衛隊支援者を除いて、一般的には軍とか自衛隊との距離は確かにあった。平成七年の阪神淡路大震災以降は、関西地方でも自衛隊に対する「ソーシャルディスタンス」は急激に縮まったが、当時は「防大って何それ？」という人が多かったのではないかと思う。日本全体でも当時は自衛隊に対して、ドラマによく出てくる暗いイメージの戦前、戦中の軍隊とだぶらせて、よい印象を持っていない人が多かった。

そんな環境の大阪に転居すると、長兄は急に「自衛隊には行かない」と言い始めた。二番目の兄も、自衛隊に関心を持っているようだったが、当時は左翼的な学生運動華やかなりし頃で、当時の「空気」からか、次第に自衛隊に反感を抱くようになった。そこで男では末っ子の私にお鉢が回ってきたというわけである。

中高生の頃の私は、「これになりたい」というものが特になかったため、父は私に焦点を絞った。中学生後半から高校生くらいの時には、自衛隊の様々な行事に連れて行かれた。

私が通っていた高校は大阪府立春日丘高校で、ハンドボール部に属していた。男子は低迷していたが、女子はインターハイ、国体に選ばれる強豪チームだった。そんな訳で女子チームにはコンプレックスを感じていたが、数年前から年一回程度男女ハンドボール部で集まるようになり、今ではオッちゃん、オバちゃん同士仲良くやっている。

もともと女学校であったためか、「女子は頭がよく綺麗な子が多いが、男子はダメな軟弱男」というようなイメージを持たれた高校だった。これはイメージであり、本当はそうではないと母校の名誉のために申し添えておくが、ただ、「文武両道」といった気風はあまりなかったように思う。

私は父から防大のパンフレットを見せてもらい、魅力を感じ始めていた。今から思えば、まったくの誤解であったが、全寮制という点に魅力を感じていたのだ。みんなで一緒に生活するのは何か楽しそうだった。

全寮制というものに対して、修学旅行のように枕投げでもできるのかなというような楽しそうなイメージを抱き、「防大に行きたい」という気持ちが強まっていった。要は防大を完全にナメていたのである。今の防大の指導官が聞けば「ふざけるな」と腰を抜かすような話であるが、申し訳ないが本当の話である。

当時の高校はどこもそうだと思うが、日教組の影響が強く、担任の先生に「防大に行きたい」と言うと、「お前、気は確かか?」というような反応だった。

しかし、先生の言われることももっともだった。当時の世相は、昭和四十四年に東大紛争、四十五年に日航機よど号事件、四十六年~四十七年にかけて連合赤軍事件、あさま山荘事件が続発し、権力側とされた自衛隊は目の敵だった。「自衛隊に入ろう」という自衛隊を揶揄《やゆ》するフォークソングまで流行っていた。最終的に内申書を書いてもらうまで、先生との話し合いがかなり必要だった。ただ、最後は私の意思を尊重してくれた。六十歳になった時、高校の同窓会があって、久しぶりに恩師にお会いした。私が自衛隊でそれなりの地位に就いていたこともあり、喜んでもらえたのはうれしかった。

また、本田綾子先生という古文の先生がおられた。当時六十五歳位の上品で気品のある明治女性で、高等女学校時代の昭和四年から本校で教えておられた。私は、特に親しいわけではなかったが、ある時廊下を歩いていると、「河野君、ちょっと」と呼び止められ、「あなた、防大を受験するんやて？」と尋ねられたので、「はい」と答えると、「あなた、それは素晴らしい道やから頑張りなさいよ」と激励されたのである。自衛隊の募集担当者から聞いたとのことだった。本田先生からは防大入校後も激励のお手紙を頂いた。後で述べるが防大では苦労したので本当に有難かった。その後お礼を述べる機会がなかったことが悔やまれるが、この本を通じて天国におられる本田綾子先生にご報告とお礼を申し述べたいと思い、紹介した次第である。

一難去ってまた一難——健康診断で不合格となり……

昭和四十七年十一月に防衛大学校を受験し、翌昭和四十八年二月に合格発表があった。結果は、不合格——。

次のことを考えなければいけない。防大にもう一度チャレンジするかどうか。

いずれにしても浪人生として四月から予備校に通うことにした。すると四月一日、家族とちゃぶ台で夕食をとっていると、玄関のベルが鳴り、「河野さん、電報です」という声がした。当時はメールがない時代である。

「四ガツ四ニチニ　チャッコウヲメイズ　ボウエイダイガッコウ」(「四月四日に着校を命ず、防衛大学校」)

という文面だったと記憶している。

補欠合格者として、四月四日に防衛大学校に着校せよ、ということである。合格者から辞退者が出て、防大が予定していた人数が集まらず、不合格者を順次補欠入学させていくなかで、私は引っかかったようである。父は大喜びである。

合格者はすでに四月一日に着校し、基礎的な準備訓練を受けてから四月五日の入校式に臨む段取りになっていた。

補欠合格の私は、入校式前日の四月四日に両親とともに急遽防大に行き、着慣れない制服を着させられ、慌ただしく心の準備もできないまま翌日の入校式を迎えることになった。

入校手続きの一環として、最終的な身体検査を受けた。しばらくすると、「医務室に、両親と一緒に来て下さい」と言われ、医務室に顔を出すと、医官の方が「申し訳ないが、入校させるわけにはいかない。このままお引き取り下さい」と切り出した。尿検査でタンパクが出てしまい、健康診断に合格しなかったのである。一難去ってまた一難。なぜ尿タンパクが出たのか、原因はよく分からない。補欠合格に喜んだ父が、日ごろ食べ慣れないご馳走を食べさせてくれたためかもしれない。

ところが、医務室の机の上に一枚のペーパーが置いてあった。内容は、要は今後我が身に何が起きても自己責任であるというものだった。これにサイン、捺印《なついん》すれば、入校を認めるという。いわば、条件付き補欠採用だったのである。

父が「良かった良かった。すぐにサイン、捺印しろ」と言うので、「捺印」の意味すら分からず生まれて初めてペーパーにサイン、捺印した。これでようやく防大に入校することができた。

防大を含めると実に四十六年間に及ぶ私の自衛隊生活の出発点は、医務室のこの一枚のペーパーだった。人生は分からないものである。

防大では卒業を控えた四年生に対し、統合幕僚長と陸海空の各自衛隊のトップである各幕僚長が講話を行うことになっている。その際、私は必ず「おそらく今は卒業後のことが不安だと思う。自分の力ではどうしようもないこともこれからの人生には確かにある。しかし、人生どう転ぶか分からない。常に前向きに、あきらめずに進めば必ず道は開ける」と言ってきた。それは、まさに私の現時点での人生の結論だからである。

ちなみに、夏休みに帰省した際に近くの医院で検査してもらったが尿タンパクは出なかった。

たちまち防大入校を後悔

私は、昭和四十八年四月、二十一期生として防大に入校した。

そして、団体生活が始まった。高校生の時に抱いていた団体生活、寮生活への幻想は完全に打ち砕かれた。

当たり前と言えば当たり前だが考えが甘かった――。

他の人たちより三日ほど遅れて着校し、スタートラインが遅れたのは確かだが、それはあまり関係ない。要は私はやることなすこと、器用ではなく、要領も悪いのである。スタートラインが一緒でも同じことだったと思う。

防大の寮生活では、なんでも自己完結型のライフスタイルが原則。毎朝、ラッパとともに素早く飛び起きて、自分でベッドメーキングをしなくてはいけない。外出するときには制服にアイロンを掛けて、ズボンの折り目をきちんと付けなければいけない。爪は常に切っておく。靴はピカピカ。容姿を端正に保つ。

半長靴という長靴のような靴があるが、その紐を結ぶのが苦手だった。ある時、大隊（約四百名）の集合がかかり、もたもたしていると私が一番遅くなってしまった。しかも靴紐が垂れていたため、それを踏みつけてみんなの前でずっこけてしまい、当然大隊の大爆笑をかってしまった。戦闘服を着る時は半長靴を履くが、そんなこともあり半長靴はあまり好きではなかった。

今まで母親任せの生活で、そんな生活を一切してこなかったので、非常に苦労した。

防大は九州や東北など地方から来ている人が多い。彼らは一般的にすぐに標準語が話せる〝バイリンガル〟だと感心した。ところが関西訛りはなかなか抜けないし、標準語何するものぞ、という気持ちもある。しかし、関西弁でも苦労した。今は知らないが関西弁は防大の校風に合わなかったのだろう。

「おまえ、また儲かりまっかやろう」と、よくからかわれた。

私の顔は、ニヤついているように見えるのか、上級生から「ニヤニヤするな！」「笑ってごまかすな」とよく叱られた。自分ではそんなつもりはなかったのだが。

全寮制だから常に校内で過ごすわけだが、土曜日の午後と日曜日だけは外出することができた。

ただし、週番による服装点検があった。これが関門だった。

防大生は制服で外出しなければならなかった。一年生は、外出先でもずっと制服。二年生以上になると、制服で校外に出て、下宿等で着替えて遊びに行った。いずれにせよ、外出するときには制服を着ていなければならず、服装点検があった。

きちんとアイロンがけして、折り目がピシッと一本になっているか、爪を切っているか、帽子の金具がピカピカに光っているか、ほこりが付いていないか、靴はきれいに磨いてあるか等々、すべて点検された。

私は、そういったことが苦手だったため、「はい、アウト。もういっぺんやり直し」ということになる。

次の点検があるのは、一～二時間後。二回目の点検でも「はい、アウト」。三回目もアウトで、どんどん外出時間が少なくなっていき、ついに外出をあきらめたことが何度もあった。

防大では、入校すると全員が学生隊に所属する。

当時は、学生隊は五個大隊から構成され、一個大隊は四個中隊から、一個中隊は三個小隊から構成されていた。

ざっくり言えば、四年生が学生舎生活全般の運営役、三年生がその補佐、二年生は一年生の直接の指導係、一年生は作業員といったところだ。

一年生の中で、上級生から一番指導を受けたのは、間違いなく私だ。当時は何事も連帯責任を取らされることが多く、私が足を引っ張り同期生に迷惑をかける場面が多々あった。同級生からもよく「イモ、イモ」と言われたものだ。要はぶざまということだ。

今はどうなっているか知らないが、四年生は、毎週金曜日の消灯後、中隊の運営をどうするかを話し合っていた。毎週金曜日に開くことからフライデーのF会と呼ばれていたのだが、ある先輩から、「おまえ、F会の議題になっているぞ」と聞かされた。私をどう扱うかということが議題になっているという。つまり問題児に認定されたわけである。

F会の議題になっていることに対しては「ああ、そうなんだ」という感じだったが、同期生から「お前みたいな奴が何で防大に来たんだ！」と言われた時はさすがにショックだった。

そんな状況だったから、防大の一年生時代は非常に苦労した。

来るんじゃなかった――。

何度もそう思った。指折り数えて夏休みを待ったが、大阪に帰っても、とてもじゃないが父に「防大を辞めたい」とは言えない。少々大げさだが、進むも地獄、引くも地獄だった。ただ、こんな甘い考えではダメだという思いもあった。自分を鍛え直さなければいけない。

気持ちを切り替えて、私は、防大の中で最も厳しいと言われていたラグビー部に入った。練習は本当にきつかった。

防大一年生の夏休みは三週間あるが、そのうち二週間はラグビー部の合宿があったため、実質的に夏休みは一週間。夏休みがほとんどなくなってしまい、「ミスったな」とも思ったが、今さら辞めるに辞められない。

合宿がこれまたきつかった。特に一年生の時の前半の合宿は埼玉県熊谷の航空自衛隊の基地で行った。ご承知の通り熊谷は猛暑で有名な場所である。今から考えると熱中症だと思うが、上級生の猛者が続々倒れるという状況だった。次元が違うので一概には比較できないが、心身ともにきついという意味では、その後の自衛官人生でこれ以上きつい思いをしたことがない。その意味で自分のその後の人生にとっては確かにプラスだった。高校のハンドボール部の高倉大祐監督の言葉が今でも頭に残っている。「若い時の苦労は買ってでもしろ！」である。ちなみに高倉監督は海軍少年兵で震洋《しんよう》特攻隊の生き残りの方だった。ラグビー部の練習は、授業が終わって午後四時から六時くらい。その後に、学生舎で自習をしなければいけない。

私の場合、補欠で入っているから、人一倍勉強しないと他の人に追いつくことはできない。防大は二回留年すると退校になる。父の顔が浮かぶと留年するわけにはいかないと思い、高校時代よりも勉強した。

「自衛隊は違憲」との判決に衝撃

待ちに待った夏休みが来た。私は逃げるようにして大阪の茨木に帰った。

茨木では、ガールフレンドというほどでもないが、こちらが勝手にいいなと思っていた女の子に電話をして、万博公園でデートをした。

彼女は私が防大に入ったことを知っていて、防大が自衛隊と関係があることも、何となく分かっていた。

今でもはっきりと覚えているが、デートのときに彼女は、聞いてきた。

「ところで自衛隊って、何やってんの？」

ところが、何とこの質問に防大一年生の私は答えに窮してしまった。そういえば自衛隊は何やっているんだろうと焦って頭の中を回転させて出した答えが「訓練」だった。

今の防大生ならば、自衛隊がやっている活動を即座にいくらでも回答できるだろうし、このような質問も出ないと思う。ただ、当時の自衛隊は、災害派遣に出動することはあっても、ほとんどは訓練に明け暮れ、国民の目に触れる機会はあまりなかった。政治の側も、政治的リスクを考えれば自衛隊をあえて動かそうなどとは考えていなかった時代だ。また、冷戦構造が厳然と存在し、そのような環境でなかったのも確かだった。

夏休みのあとの昭和四十八年（一九七三年）九月に、自衛隊史上大きな事件があった。「長沼ナイキ判決」である。

北海道夕張郡長沼町に、航空自衛隊がナイキという地対空ミサイルを配備することになった。このとき一部の住民が基地建設に反対した。自衛隊はそもそも違憲であるというのだ。反対住民は、行政訴訟を起こし、自衛隊が合憲か違憲かを争う裁判となってしまった。

高度な政治性を有する国家行為に対して裁判所は、統治行為であるとして立ち入らないのが普通である。ところが、札幌地方裁判所（福島重雄裁判長）は、「自衛隊は違憲である」という判決を下した。

これは、かなりショッキングだった。防大に入校してすぐに自衛隊が違憲とされてしまったのである。

その後、札幌高等裁判所で一審判決は覆され、最高裁も二審を支持し、自衛隊が合憲かどうかの判断は回避されたが、とにかく一審では「違憲」とされた事実は残ったのだ。

『坂の上の雲』との出会い

ともあれ、防大に入って半年が過ぎたが、私は相変わらず、上級生から厳しく指導される日々が続いていた。廊下を歩いていると上級生から呼び止められ、服装等を厳しく指導される。自分にとっての安楽の場所はトイレの中だった。何とも情けない話である。

そんなときに指導官が「面白い本がある」と紹介してくれたのが司馬遼太郎の小説『坂の上の雲』だった。指導官は陸上自衛官だったが、司馬遼太郎の乃木大将に対する評価に驚いたという観点からの紹介だった。

『坂の上の雲』は、伊予松山の秋山好古《よしふる》、真之《さねゆき》という軍人の兄弟と文豪正岡子規を中心に物語が展開する歴史小説である。それまであまり本を読んでいなかったが、『坂の上の雲』を一心不乱に読み、坂の上の雲に向かっていく明治日本人の姿に心を打たれ、自分もこういう人生を歩みたいと思った。今振り返ってみるとこの本が自分にとっての転機になったことは間違いない。ただ、現在の私は司馬遼太郎の乃木大将に対する評価には賛同していない。

いずれにしても、それまでは悶々としていたが、「頑張ろう」という気持ちが湧いてきた。不得意だったベッドメーキング、アイロンがけや靴磨きも、やり続けていくうちに、慣れてきた。人より覚えは悪いが、だんだんできるようになった。

『坂の上の雲』を読んでからは、勉強にも力が入るようになり、成績もどんどん上がっていった。補欠で入ったけれど、二年生の頃には、ほぼ同級生に追いついたと思う。

防大機械工学科を首席で卒業

防大の場合、一年生の勉強は、基本的には一般教養。数学、物理、化学、英語、歴史などを学ぶ。二年生への進級時に、陸海空の要員に分かれ、専攻も分かれる。

当時の防大は、男子学生のみで理系しかなかった(いまは女性もいるし、文系コースもある)。私が二年生進級時に、文系クラスができて、希望する者は文系に行けることになったが、その後は入試段階から理系、文系に分かれた。私が受験したときは理系として男性一括の入学試験だった。二年生になる時点で、それぞれの専門に分かれていく。

当時、定員は一学年は五百三十名。二年生の時点で、陸に三百名、海に百名、空に百三十名といった具合に分かれていく。

本人の希望と一年生の時の成績で決まるが、優秀な学生がみな、陸、海、空のどこかに集中してしまうといけないので、指導官が「君は、こっちに行ってくれないか」と調整することもあった。概して、当時は空が人気があったように思う。海も遠洋練習航海で外国に行けるため、割りと人気があった。今は、陸が一番希望者が多いと聞いている。

私は、父が海上自衛官だったこともあり、海以外の選択肢は考えていなかった。希望通り海上要員となり、専攻は機械工学を選んだ。

二年生からは、機械工学の専門の授業があり、流体力学や船舶工学のことなどを学んだ。『坂の上の雲』を読んで以来、勉強に力が入るようになったため、成績はどんどん伸びていき、三年生、四年生の段階では、指導的立場の部類に入るくらいになった。

そして、卒業のときには「畠山賞」をいただいた。これは荏原製作所社長だった畠山一清氏の名前を冠した、日本機械学会が出している賞で、各大学の機械工学科の最優秀者に贈られる賞である。賞状とともに分厚い「機械工学便覧」がもらえる。これは、今でも大切に保管している。

防大の場合、首席卒業というような言い方はしないが、私は「畠山賞」をいただいたため、防大の機械工学科首席卒業ということになる。補欠で入ったけれども、『坂の上の雲』との出会いのおかげで、卒業時には学科の首席になることができたわけだ。一冊の本の「威力」というのは人生に於いてかくあるものか……と今にして思う。今でも多くの人に読書を勧める所以である。

昭和五十二年の我々の卒業式は、少々異例だった。通常、防大の卒業式は内閣総理大臣ご臨席の下、三月二十日前後にあり、卒業式の日付をもって、任官拒否する人は別だが、各自衛隊への入隊日となる。少々蛇足になるが、いわゆるキャリアといわれる防衛官僚の幹部要員は防衛庁入庁、今は防衛省入省ということになるが、我々自衛官はあくまでも各自衛隊入隊である。その後、あなたは何年入省ですか？　と聞かれることがよくあったが、私は、昭和五十二年入隊ですと答えている。入隊ということに私は密かな誇りを持っている。

話を戻すと、我々、防大二十一期生は、一週間ほど卒業式が遅れた。

というのも、当時、福田赳夫総理の訪米予定が入っており、三月二十日の卒業式には出席できない状況だったからだ。総理が出席できないときには、普通は、官房長官などが代理を務めることになるが、福田総理は、防衛大学校の卒業式には、自ら出席したいという強い意向をお持ちだったため卒業式の方を遅らせたのである。福田総理はそういう気概というか自衛隊への熱い思いを持っておられる総理だと感じた。ちなみに来賓代表は元駐米大使の牛場信彦氏だった。

そのため、卒業式は昭和五十二年（一九七七年）三月二十七日と決まった。三月二十日にいったん休暇を与えられ、卒業式前に防大に戻り、三月二十七日に福田総理のご臨席を仰いで卒業式を行った。その日が我々にとっての自衛隊への入隊日になった。これが、防大二十一期生のみ他の期よりも一週間遅い入隊日となった理由である。

第二章

希望の配置には
いつもつけずに

江田島の海上自衛隊幹部候補生学校の卒業式。優等賞を授章（昭和53年３月）。

練習艦に乗り遠洋航海先のアメリカ（ワシントン）にて（リンカーン記念堂）。

幹部候補生学校で海上自衛官としてスタート

防大卒業後は、江田島（広島県）の海上自衛隊幹部候補生学校で一年を過ごした。旧海軍兵学校以来の伝統を誇る学校で、『坂の上の雲』の舞台にもなっている。厳島（宮島）にある弥山の登山、カッター（短艇）競技、遠泳など、海軍兵学校の行事をそのまま引き継いでいる。一個分隊三十数名、六個分隊（第七分隊は女性候補生分隊）で座学・訓練とともに様々な分隊対抗競技を行う。

幹部候補生学校は、防大卒業生ばかりではない。一般の大学を卒業して、採用試験に合格した人たちと、この学校で合流する。いずれも幹部候補生だ。

一年課程だから、幹部候補生学校には上級生はいない。そのかわり、上級生役を二人の二尉（中尉）が行う。役職名は幹事付、通称赤鬼、青鬼と呼ばれている怖い存在で、ベッドの整理が悪かったら庭に放り投げ、罰則でグラウンドを走らせたり、腕立て伏せをさせたりする。泊まり込みで候補生の面倒を見る役割だ。

幹部候補生学校に行くころには、私も要領をつかみ、アイロンやベッドメイクにも慣れてきたため、それほど苦労はしなかった。江田島でも頑張ろうと思った。

江田島では自習が終わるとみんなで海軍伝統の五省を唱えることになっていた。五省とは次の通り。これを唱和して一日を反省するのである。

一、至誠《しせい》に悖《もと》る勿《な》かりしか（真心に反する点はなかったか）

一、言行《げんこう》に恥《は》づる勿《な》かりしか（言動に恥ずかしい点はなかったか）

一、氣力《きりょく》に缺《か》くる勿《な》かりしか（精神力は十分であったか）

一、努力《どりょく》に憾《うら》み勿《な》かりしか（十分に努力したか）

一、不精《ぶしょう》に亘《わた》る勿《な》かりしか（最後まで十分に取り組んだか）

いろいろなことがあった一年間だったが、昭和五十三年三月、幹部候補生学校も首席で卒業できた。帝国海軍式に言えば、「ハンモック・ナンバー・一番」である。

卒業式では、軍艦マーチが流れる中を行進し、港に泊まっている小型船に乗る。船の上で、帽子を振る帝国海軍伝統の別れの儀式「帽振れ」を行って、江田島湾に停泊中の練習艦隊に乗艦する。これが海上自衛官としての実質的なスタートであった。ちなみに江田島では、卒業生が練習艦隊に乗り込むために使用する湾内に面した桟橋を表桟橋といい、入校するために入って来る陸上側を裏門と称している。これも海軍兵学校以来の伝統で候補生は裏から入って、表から晴れて出ていくというわけである。

練習艦に乗り、五カ月ほどの遠洋練習航海に出た。カナダ、米国、メキシコ、ドミニカ、パナマなどを訪問する北米コースで、パナマ運河も渡った。私にとっては初の海外訪問であり、横須賀を出港しカナダのエスカイモルトへ向けて、北太平洋の濃霧の中を約二週間航海し、はるかロッキー山脈が見えた時の感激は今でも忘れることはできない。その後幸い幾度となく海外出張の機会を得たが、あの時の新鮮な気持ちは持ち続けていた。今の人たちは学生時代から海外旅行に行き、遠洋練習航海が外国を見る初めての機会という人はあまりいないと思うが、是非海外を最初に見た時の新鮮な気持ちは忘れないでほしいと思う。それも初心に立ち返ることであり、外国に対する謙虚さにもつながると思う。

遠洋航海に出発する前は、内地巡行といって国内の各地を回る。実習中は、下っ端の若造が本来なら会うことはできない地位の人たちにも会うことができた。旧海軍士官であられた高松宮殿下（昭和天皇の弟宮）がご存命で、高松宮邸に全員呼んでいただき、ガーデンパーティもしていただいた。「実習員に対してこれほど手厚い教育をするのか」と心から有難く思った。

この手厚い教育は、今も変わらず続いているが、これは陸・空とはまた違った、海の良さではないかと思う。

昭和五十三年十一月、遠洋練習航海を終えた。いよいよ独り立ちである。それぞれが配置を命じられる。

水上艦に乗る人、潜水艦に乗る人、パイロットになる人、経理や補給をやる人などに分かれていく。パイロット希望者は、山口県小月《おづき》にある教育課程に進んでいく。

私の希望は、水上艦艇。一番所帯が大きいため、希望通り水上艦艇乗りに選抜された。最初に乗艦したのは、「はるな」というヘリコプター三機搭載の最新鋭艦だった。私は「はるな」の水雷士という対潜水艦作戦を担当する配置を命じられた。

真珠湾を背負って生きてきた父の死

「はるな」に乗艦するまでの一カ月間くらいは、江田島の第一術科学校で任務課程という、水雷士になるための教育を受けた。父が倒れたという知らせを受けたのはこのときだった。

父は湯浅電池を退職後は、数学が得意だったこともあり学習塾の講師をやるかたわら自衛隊や旧海軍関係の諸団体の一員として活動していた。その関係で、昭和五十三年十二月七日に講演を頼まれた。真珠湾攻撃の前日ということもあり、父の真珠湾での体験談がテーマだった。

ところが話が特殊潜航艇を発進させたところに及んだ時、「時に十二月七日の夜八時頃、位置は真珠湾の南西……」が最後の言葉になった。様子がおかしくなり、そのまま演台に倒れ込んだ。意識がなくなって、病院に運ばれたが、その後一度も意識が戻ることなく、十二月二十五日に息を引き取った。

父は酔っ払うと、いつも決まって、真珠湾攻撃と洞爺丸の話をしていた。

前述したように、真珠湾口で父が送り出した特殊潜航艇の二人は、帰らぬ人となってしまった。「横山中尉と上田二曹は、本当に立派だった」と言っていたのが、今でも耳に残っている。父は、真珠湾での戦争体験をずっと背負って生きてきたのではないかと思う。

私は、江田島から大阪に急遽駆けつけたが、そのときにはもう父の意識はなかった。一旦江田島に戻ったが、その後亡くなったという知らせを受けた。

母は「多数の戦死者を出した日本海軍の潜水艦乗りでお父さんは生き残った。この人は運のいい人だから必ず助かる」と言っていた。父は戦争中、何隻かの潜水艦を渡り歩いたらしいが、その都度、前に乗っていた潜水艦が沈没したそうである。しかし、今回は助からなかった。これも後で母から聞いた話だが、私が「はるな」に乗艦することを知って、「いいところに行けたな」と喜んでいたという。最後の親孝行ができたと思った。

父の葬儀まで何故か涙は出なかったが、告別式の際、旧海軍関係の方々が父の棺に軍艦旗（旭日旗）を掛け、皆で「海行かば」の合唱で棺を送り出してくれた時にはさすがに大泣きした。

平成二十八年に安倍総理が真珠湾を訪問された際、当時統合幕僚長だった私は幸運にも同行を許された。安倍総理は在ハワイ日系人による歓迎会の時、そしてオバマ大統領との首脳会談の際にも私の父の話を紹介して下さった。防衛省から出向していた総理秘書官から事前に私の父のことを聞いていたのだ。私も感激したが、父も草葉の陰で喜んでいたことと思う。

父の葬儀に参列した後、直ぐに第一術科学校に戻った。

第一術科学校の任務課程を修業して「はるな」に着任した。初任の三尉（少尉）としての乗艦であり、下積みの身だったが、「はるな」は最新鋭艦だったため非常に良い勉強になった。特に艦載ヘリコプターの運用はその後の勤務に大いに役立った。

半年が経ち、昭和五十四年夏に、石川島播磨重工業（現ＩＨＩ）の東京工場で建造中の「しらね」に艤装員《ぎそう》（水雷士要員）として行くことを命じられた。半年での転勤なのでびっくりしたが、「しらね」は「はるな」を超える最新鋭艦だった。艤装員とは造船所と相談しながら、船の中の装備を整えていく仕事で、試験航海にも立ち会った。艦が就役すれば初代乗組員ということになる。

「しらね」の思い出は、試験、試験、試験。新しい装備を実際に使えるようにするための試験を飽くことなく重ねる。いわゆる戦力化のための基礎的作業である。「しらね」は、同型艦の一番艦であったため、就役後も戦力化の試験に半年くらいの時間を費やした。後に観艦式で内閣総理大臣が乗艦される海上自衛隊を代表する護衛艦になった。

「しらね」での勤務を終えるころになると、私は「プログラム業務隊」を希望するようになった。

当時、コンピュータで武器システムを制御するという考え方が米国から入ってきていた。そのため海上自衛隊ではコンピュータ・システムを研究する部隊として、「プログラム業務隊」を新設した。しかし当初「プログラム業務隊」は各種行事のプログラムを作成する部隊と勘違いする海上自衛官がいたくらいシステムという考え方が浸透していなかったが、対空ミサイルの導入等、今後の海上自衛隊はプログラム業務隊が引っ張っていくと考えられていた。そのため、一尉、二尉、三尉クラスの優秀な若手が配置された。

ご多分に漏れず、私もプログラム業務隊でミサイル分野に関わってみたいと思い希望を出していた。

ところが、「しらね」のあとに命じられたのは、幹部候補生学校の幹事付二人のうちの一人、つまり住み込みの上級生役だった。

幹部候補生学校には、学生生活の元締めをする学生隊幹事がおり、その補佐をするのが幹事付であるが、直接寝食を共にして候補生たちの面倒を見る役割である。厳しく指導する立場にあることから赤鬼、青鬼と呼ばれている。ちなみに幹事、幹事付といっても宴会の調整をするわけではない。帝国海軍から受け継いだ役職名である。

幹事付になると、江田島で一年間候補生たちの面倒を見て、その後の約半年は艦長付として遠洋練習航海も一緒に行くため、ほぼ二年近い仕事である。プログラム業務隊に行けるチャンスはもうないだろう。正直、がっかりした。一方で、防大時代問題児だった自分がこのようなしつけ係に就くとはと、妙な感慨に浸ったことも事実である。

航海長になれず、またも学校へ

私は、昭和五十五年十二月に再び江田島に戻り、候補生たちの面倒を見ることになった。今となっては、幹事付をやってよかったと心底思っている。当時の候補生たちと一生の特別なつながりができ、クラスの集まりや記念行事そしてゴルフコンペにも呼んでもらえる。今では、あのときにプログラム業務隊に行かなくて良かったとさえ思う。

私が統合幕僚長のときの海上自衛隊トップの海上幕僚長は村川豊君だったが、彼も候補生の一人だ。村川君以外の当時の候補生たちも皆それぞれ人生を頑張って生き、国に貢献してくれた。この繋がりはまさに私にとって一生の財産である。

昭和五十七年冬に、指導官としての北南米への遠洋練習航海が終わった。任務を果たし、次の配置に就くことになった。

私は二尉（中尉）であったが、当時の海上自衛隊では、水上艦乗りの多くの二尉、一尉は航海長になるのが通常の人事ローテーションだった。

当然、私も次は航海長になれる――と思っていた。

航海長というのは、船乗りにとって一つの登竜門であり、一番勉強になる配置である。ブリッジ（艦橋）にいて、航海計画を立て、操艦する仕事だ。船の基本はやはり航海。航海があって、射撃があり水雷がある。航海長は船の安全を握る非常に重要な仕事である。私の先輩たちはみな、指導官として遠洋練習航海に行った後には航海長になっている。私も「次は航海長」になるはずだった。

ところが、この年から海上自衛隊の人事方針が変わった。「船の安全を握る重要な配置を、若い奴にやらせていいのか」という意見が出てきたのである。おそらく米海軍を模範例にしたのだと思う。米海軍では当時、航海長にはベテランの人間が就く。艦のナンバー・ツーである副長が航海長を兼ねることも多い。「若手に航海長をさせること自体がおかしい」ということになってしまい、私は、航海長になりそこねた。ちなみに今は元通りになっている。

話はそれるが、様々な改革、改編をやる際は重々注意しなければならない。ある配置につくと何らかの後世に残る業績を残したいという誘惑にかられる場合がある。この航海長の話もそうであるが、海上自衛隊の場合、「改革」と称されたものの多くが元に戻っている。教育カリキュラムしかり、艦隊編成しかりである。もちろん変えるべきものは変えなければならないが、その際にも「伝統」を踏まえることが重要だと思っている。私は海上幕僚長の時、幹部に「私は、在任中の二年間に一切何も変えさせませんでした」も立派な仕事だと言ってきた。

そして「もう一回、学校に行け」と命じられた。江田島の第一術科学校の中級課程である。中級課程には、普通は航海長等を経験した後に、一尉（大尉）になってから入校するのが標準パターンであったが、先の事情により私は、航海長になれないまま二尉（中尉）で中級課程に送り込まれたわけである。

中級課程に入るまでは、専門のない水上艦乗りだが、中級課程からは専門に分かれていく。例えば、対潜水艦戦を扱う水雷、大砲やミサイルを扱う射撃、レーダー、電子戦などを扱う船務、船の運航を扱う航海、機雷の処分を行う掃海、エンジン等を扱う機関などである。

通常は専門に分かれるまでにいくつもの分野を経験させる。スリーローテーションと呼ばれているが、砲術や水雷を扱う砲雷科、レーダーや運航を扱う船務科・航海科、エンジン等を扱う機関科の三つを若いときに経験させ、中級課程の段階でどれかを選ばせるのが、バランスの良い経歴管理だ。

私の場合は極めて異例であり、スリーローテーションをやっておらず、水雷しか経験していない。「はるな」の水雷士、「しらね」の艤装員（水雷士要員）そして水雷士、その後は、江田島で学生たちの指導官である。水雷に行く以外に選択肢はなかった。

これも先ほどの話になるが、米海軍にならい、このような専門分野の他に、「中級用兵課程」というオーバーオールな課程を創設したが、これもあえなく廃止された。

私事になるが、この中級課程の昭和五十八年十二月に、親戚の紹介で見合い結婚をした。相手は全く自衛隊とは無縁の家庭である。見合いの時、相手は私が海上自衛官だということで『海軍めしたき物語』という漫画入りの本を読んできたというから、「はあ、大体……そんなところ」と答えた。通称「めしたき」は、海上自衛隊では調理員もしくは烹炊員《ほうすいいん》というが、艦内生活で食事は士気を維持・向上させる上で極めて重要であり、「めしたき」は非常に大事な仕事である。ロシアの戦艦「ポチョムキン」に出された粗悪な食事が遠因で、ロシア革命に繋がったとさえ言われているのだ。ただ、当時、自衛隊から縁遠い一般の家庭では海上自衛隊のイメージとしては、それ以外のイメージはわかなかったのである。ちなみに今では家内は私の仕事が「めしたき」でなかったことは承知している。

中級課程一年間を終えて、次に命じられたのは、護衛艦「はるゆき」の艤装員（水雷長要員）だった。住友重機械工業浦賀工場で「はるゆき」の艤装に従事した。「はるゆき」は一番艦ではなかったため（一番艦は「はつゆき」）、就役後も「しらね」のような試験続きということはなかったが、横須賀の第一護衛隊群の一艦として様々な訓練に従事した。

「筑波大学大学院の受験を命ず」

「はるゆき」勤務が終わりかけたころ、海上幕僚監部（海上自衛隊のいわば本社で、略して海幕。統合、陸上、航空とも同じ）の人事課から電話がかかってきて、「君、運転免許は持っているか」と聞かれ「はい、持っています」と答えた。よく意味が分からなかったが、周りの人に聞くと副官（いわば秘書）の候補じゃないかとのことだった。

当時、海上幕僚長及び海上幕僚副長の副官は、プライベートな行動の場合、私有車両でドライバー役になるらしく運転免許は必須だったらしい。もちろん今はそういうことはさせていない。副官は儀式のときに、肩から白い紐のような「飾緒《しょくしょ》」というものを着けるが、あの姿がカッコいいと思っていたから内心期待していた。階級から言って、どうも海上幕僚副長の副官ということだったらしい。

　ところが蓋を開けてみると私は、海幕の総務課総務班に配置された。なぜ変わったか理由はよく分からないが、容姿端正が要求される副官には私は向かないと判定されたようだ。総務班は副官の下請けをはじめ各部、各課が所掌しないことすべてを扱う配置だ。たとえば、ＯＢのお世話、冠婚葬祭の支援、儀式の段取り等である。

　防衛庁は、二〇〇〇年に移転するまでは六本木にあり、海幕も六本木にあった。現在は東京ミッドタウンとなっている場所である。

　海上幕僚長が出張されるときには、私が行程表を作った。パソコンなどで路線情報をすぐに検索できる時代ではなく、分厚い時刻表を横に置いて、乗り継ぎを調べて、電車やホテルを決めて、副官のところに持って行った。副官から「ここを変えろ！」と言われて、「はい、すみません」と、修正してまた持って行く。何でも屋だったが、自分で旅行している気分で楽しい仕事だった。また、艦船の進水・命名式や引き渡し・自衛艦旗授与式のような儀式のアレンジも担当した。いずれも艦船にとって節目の行事である。式そのものの調整も会社側と念入りにしたが、当時は前夜祭と称して官民の懇親の場が設けられており、その調整も私の役目だった。料理の献立、二次会の設定等、この調整は楽しかった。今は官民の付き合いに関する規制が厳しく前夜祭はなくなっている。

今では幕僚長は頻繁に海外出張する機会があるが、当時は確か在任中、卒業旅行という感じで二～三カ国一回程度だったと思う。帰国後、大臣に帰国報告を提出しなければならない。そこで上司から「オマエが書け」と言われた。「私は行ってませんが……」と答えると、「行ったつもりで書け」と言う。旅行ガイドブック片手に想像しながら報告書を書いたが、これも結構楽しかった。

総務課総務班に一年ほど在籍した後に命じられたのは、なんと大学院受験である。

米軍では幹部特に将官の多くが修士号、場合によっては博士号を持っている。一方、日本の幹部自衛官は学位を持っている人は少ない。当時の防衛大学校の卒業生も学士号をもらえなかった（平成七年度の卒業生から大学評価機構から「学士に準ずる資格」を授与されるようになった）。

そこで米国にならい、自衛官を大学院に行かせて、修士号を取らせようということになった。

当時は、自衛官に対して世間の目が厳しかったため、自衛官を大学院などで受け入れてくれる一流大学はほとんどなかった。その中で特例的に自衛官の受け入れを表明してくれたのが筑波大学だった。筑波大学は、東京教育大学が学生運動で荒れ果てたことで、新構想大学として筑波に移転して設立された大学だ。

私に受験命令が来た前年には、海上自衛隊は、何名かの者に準備期間なしで筑波大学大学院を受験させたが、全員不合格だった。英語の試験は非常に難しいものだった。受験した人の中には、「三日前に潜水艦を下りてきました」という人もいたため、筑波大学側はあきれたようだ。

全員不合格となり、海上自衛隊は、ある意味で大恥をかいてしまった。「次は絶対に合格させなければいけない」ということになり、私には勉強期間が与えられた。

仕事の名目上は東京業務隊付とされ、川崎市中原区の狭い官舎で、七カ月間くらいずっと受験勉強を続けた。

十一月に試験があり、幸いにも合格することができた。私のあとには後輩が続いたが、今は筑波大学だけでなく幅広く大学が受け入れてくれているし、海外の大学に留学する自衛官も増えている。

昭和六十三年四月から筑波大学大学院修士課程地域研究研究科に入り、勉強することになった。二年間で単位を取ればいいと思っていたところ、「一年間で単位をすべて取ってしまえ」と命じられた。海上自衛隊幹部学校の指揮幕僚課程にも合格していたため、「二年目は大学院に通いながら修士論文を書き、指揮幕僚課程も並行して履修せよ」ということになった。

「つくばエクスプレス」がない時代である。川崎から筑波までは通えないので、月曜日から金曜日までは筑波大学の学生宿舎に住んだ。単身赴任のようなものだ。机とベッドだけの小さな部屋で、あまり清潔とは言えなかった。

金曜日の夜、川崎の官舎に帰り、月曜日の朝、また筑波まで出かけていった。東京駅まで電車で出て、高速バスで筑波まで行ったが、首都高速に乗った途端に渋滞で動かなくなったりして、通うだけでも一苦労した。常磐線とバスを乗り継いで筑波まで行ったこともある。

二年目は、幹部学校に行きながら、ときどき筑波大学に行って、修士論文の指導を受ける日々だった。

地域研究科で私が研究した地域は、冷戦中でもあり、最大の脅威であったソ連である。ロシア語も勉強した。在学期間の一九八八年から一九九〇年は、ちょうどソ連が崩壊する激動の頃であった。修士論文は「ソ連の軍事政策」だった。

指導していただいたのは、村松剛《たけし》先生。フランス文学者でヨーロッパが専門だったため、ド・ゴールの核戦略などについての講義などは非常に面白かった。

筑波大学でもまじめに勉強に取り組み、オールAの成績で、修士課程卒業生のトップだった。国際学修士の学位を頂いた。

「なだしお」事故報道は「フェイクニュース」だった

筑波の大学院に通いながら、幹部学校指揮幕僚課程に通っているときに、海上自衛隊にとっての大事件が起こった。

潜水艦「なだしお」の衝突事故である。

昭和六十三年（一九八八年）七月二十三日、横須賀港沖で、海上自衛隊の潜水艦「なだしお」と遊漁船「第一富士丸」が衝突し、「第一富士丸」が沈没した。「第一富士丸」の死者は三十名にのぼった。大惨事である。

「なだしお」が民間人を巻き込む事故を起こし、死者まで出したことは海上自衛隊として深く反省し、真摯に受け止めなければならないことは言うまでもない。

ただ、報道の過程で大変残念で、くやしい思いをした。

「なだしお」の乗員は懸命に救助活動を行ったが、三名しか救助できなかった。これは潜水艦の甲板が筒のようになっている構造上の問題があるのだが、「自衛隊は救助しようとしなかった」と非難されたのである。

マスコミは「自衛隊が見殺しにした」として自衛隊を激しく非難した。それを裏付けるものとして「第一富士丸」に乗船していた接客係の女性が、「海に投げ出され『助けて！』と叫んだにもかかわらず、なだしおの乗員たちは見ているだけだった」「私は何度も〃あんたたち、何を見てんのよ。どうして助けてくれないの〃と叫んだのですが、潜水艦の人はただ見ているだけで何もしてくれませんでした」「この事故は、自衛隊が一方的に悪いと思う」と記者会見で語り、その発言が繰り返し報じられた。

事故直後の当時の新聞にはこんな見出しが躍っていた。

「『助けて』の叫び黙殺」「『助けて』叫んだのに」「艦員何もしなかった」「腕組みして眺めるだけ」「救命ボート投げ入れず」「目前で二人力尽き沈む」「なだしお乗組員に批判次々」「何人も沈んでいった」「救助遅れた潜水艦に怒り」「第一富士丸の乗組員が会見」……。

しかし……。後に、この女性の発言は間違いであったとして、後日事実上の小さな訂正記事が出たが、訂正記事など誰も読みはしない。一度間違った情報が流れたら終わりである。「腕組みして眺めるだけ」といった潜水艦甲板上での自衛官を撮影した写真も、救助活動が一段落した後の入港時のものであって、衝突直後のものでもなかった。今で言えば「フェイクニュース」ということだろう。

昭和六十三年九月二十九日付けの朝日新聞夕刊に、海上保安庁の山田隆英長官が「双方の船に救助義務違反の事実はなかった」として、事故直後、第一富士丸の女性乗組員が「潜水艦の乗組員たちは目の前で沈んでいく人に手を差し伸べてくれなかった」と非難した発言についても、「女性乗組員から詳しく事情を聴いたが、誤解とわかった。あの発言は、海上自衛隊の印象を悪くしたが、事実ではなかった」と述べたことが報じられている。

しかし、「溺れている人間を自衛隊が見殺しにした」という虚偽の情報が事故直後から広がり、自衛隊に批判が集中したために、自衛隊がいくら正しい情報を伝えても、多勢に無勢。何を言っても国民には信じてもらえなかった。

事件直後、十代の新入隊員が新隊員教育を修了し、初めての任地に向うためセーラー服の制服で指定席に座っていると『おまえらは座る資格がない！　立て！』という暴言を吐かれた話を今はOBとなっている方から聞かされた。マスコミの影響力はそこまで強いということである。

前述した山崎豊子の小説『約束の海』は、この「なだしお」事故もモデルにしており、この作品中にも、左翼系新聞の記者が、遊漁船に乗船していたアルバイト女性にウソの証言をさせたことが取り上げられている。マスコミによる自衛隊への批判が非常に大きかった背景として、当時は国民が自衛官に対して不信感を持っていたことなども描写されている。山崎氏の死去により、残念ながら、この作品は未完となってしまった。

おそらく今では、自衛官が国民を腕組みしながら見殺しにしたというニュースが流れても国民の多くは信用しないと思う。ただ、悲しいかな当時は自衛官の顔が国民から見えず不信感を持たれていたことがこのような結果になったのだと思う。

「なだしお」事故当時、私は現場におらず、前述したように、指揮幕僚課程と筑波大学に通っている最中だったが、亡くなった方の通夜には参列させていただいた。

第三章

「顔の見える」自衛隊へ

家族たちが見送る中、ペルシャ湾に向けて出港する掃海艇「ゆりしま」(1991年4月26日・共同通信社)。

輸送艦「みうら」から運び出される第二次先遣隊の車両（1992年10月2日。カンボジアのシアヌークビル港にて・共同通信社)。

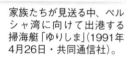

海上自衛隊と米海軍の関係

平成二年（一九九〇年）三月に海上自衛隊幹部学校と筑波大学大学院を卒業（国際学修士）し、次に命じられた配置は、海幕の防衛課防衛班だった。三佐（少佐）になっていた。防衛班の主な仕事は、将来の防衛力構想を立案し、防衛力整備に関する基本コンセプト等を策定するまさに海上自衛隊の中枢である。

私は、日米間の政策的な調整などを担当することになった。これは、防衛班として初めての配置だった。

現在は、海上自衛隊のみならず各自衛隊は多くの国と付き合い、防衛交流も盛んであるが、当時は、対外関係と言えば、基本的には同盟国米国のみ。二年に一回ほど英国へ装備関係の出張があったが、「えー！　イギリスに行けるのか。いいなあ」という時代だった。

米海軍とは、当時も定期的に海幕防衛部と米海軍作戦本部との会議があり「ネイビー・トゥ・ネイビー・トークス」と称していたが、予算要求上の名目は「訓練運用連絡調整会議」だった。制服同士で政策的な協議はあり得ないとされていたため、あくまで共同訓練等の調整会議という位置付けだった。担当者として防衛部長の訪米に同行させてもらったが、当時の「ネイビー・トゥ・ネイビー・トークス」は、今から思えば日米でオペレーションとして具体的に何かをするという話はほとんどなかったように思う。

当時から海上自衛隊と米海軍との関係は日米同盟を支える根幹という評価を受けていたが、私の受けた印象としては、米海軍が海上自衛隊を実戦上の頼りになるパートナーと位置付けていたのかとなると、実のところ懐疑的だった。アーミテージ、ナイ両氏を中心に日米同盟は米英同盟のようになるべきだという主張も米国からなされていた時代だった。

その当時は、日本の統合幕僚会議議長（制服自衛官のトップ。後に、権限が強化された統合幕僚長となった）が、米国の統合参謀本部議長（米軍のトップ）に会うことも滅多になかったと思う。佐久間一統合幕僚会議議長のときに、当時有名だった米国のコリン・パウエル統合参謀本部議長が経由地として日本に立ち寄った際に短時間会談したことがニュースになったくらいである。

しかし、その後の約三十年で米軍との関係は大きく変わった。私が統合幕僚長のときには、ジョセフ・ダンフォード統合参謀本部議長に何度も会い、先方からも呼ばれ、頻繁に電話でやりとりをした。話の中身も、中国、北朝鮮に対してどう対応するかという具体的なオペレーションに関するものだった。その意味で、日米同盟は本当に深化したと思う。

湾岸戦争で「人的貢献」を突きつけられた

自衛隊はもとより、日本にとって戦後の生き方に対するアンチ・テーゼとも言える出来事が一九九〇年八月二日に勃発した。湾岸危機である。

イラクのサダム・フセイン大統領が突如として独立国クウェートに侵攻したのである。前年の一九八九年の米国ブッシュ大統領（父）とソ連のゴルバチョフ大統領が地中海のマルタ島で会談し冷戦が事実上終結した。冷戦終結に伴い、これで世界は平和になるという見方と冷戦の枠組みで埋もれていた民族、宗教、領土等に端を発する地域紛争の時代になるという見方があったが、結果として後者の事象が勃発したわけである。これを受けて、ブッシュ大統領は「これを放置すれば、冷戦後の世界秩序は崩壊する」として、サダム・フセインの暴挙を許さない方針を掲げた。ただし、この問題を米国は単独で対処するのではなく、いわゆる有志連合で対処することとし多国籍軍《コアリッション》を編成した。米国が前面に立って苦しんだベトナム戦争の教訓もあったと思われる。

多国籍軍は同盟軍のように条約上の約束で編成されるものではなく、米国が「サダム・フセインの暴挙を許さないという立場に賛同してくれますか？」と旗を掲げて、賛同した国々がボランティアで集まったものである。

小国も含めて三十五カ国が軍人などの要員を送り込むことが明らかになった。小さい国は、たとえ数十人、百人という単位であっても、兵士や医療チームを送り込んだ。だが当時の日本は、中東地域から多大な恩恵を受けているにもかかわらず、当初、憲法上の制約もあることから資金・物資協力を考えた。

だが、米国は、日本政府に対して戦費拠出とともに共同行動を求めてきた。「資金だけでなく、何とか人を出せないか？」と何度も要請してきた。確か「人的貢献」という言葉が盛んに使われ出したのもこの頃である。

ブッシュ大統領からは、当時の海部《かいふ》俊樹総理のところに「何をしてくれるのか？」としょっちゅう電話があったため、「プッシュホン」になぞらえて、「ブッシュホン」と呼ばれていた。

日本国内でも、「他の国が世界秩序のために汗を流し、血を流す覚悟で集まっているのに、日本は金だけでいいのか」という意見が出始めた。

日本が「人的貢献」という課題を突きつけられた、戦後最初の出来事だった。

ハードルが高かった自衛隊派遣

戦後の日本は、米ソ対立の冷戦構造の中に組み込まれてきた。

日本が攻撃を受ければ米国が日本を守る。そのかわり、米国は日本に基地を置く。日米安全保障条約の第五条で、日本が武力攻撃された際には米国と日本が共同対処することが定められ、第六条で、日本は米国に基地を提供することが定められている。五条と六条でバランスがとれているという考え方だった。

冷戦中は、米国が自衛隊に対して具体的なオペレーションを要請してくることもなかった。

日本の政治の側も、国益の下に自衛隊を運用しようという発想はなかった。自衛隊に任務を与えて、海外に派遣しようとすることは、一内閣、二内閣が吹っ飛ぶような莫大な政治エネルギーが必要な時代だった。

しかし、一九八九年の冷戦終結（正確には欧州方面での冷戦構造の崩壊）で状況は変わった。

それまで冷戦構造の下で抑えられていた民族、領土、宗教等に起因する諸矛盾が世界各地で噴出し始めた。また、冷戦終結後、米国は軍事予算を削減し、もはや一国の力のみで世界の平和と安定を維持できる時代ではなくなった。

つまり、世界各地で起こる紛争に、多国間の枠組みで対処する時代に入ったということである。当然、日本も軍事的役割の拡大を求められるようになってきた。

ところが、日本はその流れに乗ることができなかった。それは、やはり戦後レジームが影響していたと思う。

状況が変わる兆候は、イラン・イラク戦争のときにすでに出ていた。

一九八〇年から始まっていたイラン・イラク戦争は、いったんは収まったが、一九八六年くらいから再び激化し始めた。ホルムズ海峡は米国がコントロールしていたが、通過するタンカーの七~八割が日本関連だったため、米国から「日本は何もしないつもりか。何かするべきではないか」という要請が来た。この時点で軍事的役割を暗に求められていたわけだ。

当時の中曽根康弘総理は、「日本が何もしないわけにはいかない」という問題意識を持っておられたという。その時の背景を取材された方の著作によれば、海上保安庁の巡視船か、海上自衛隊の掃海部隊を出すことを検討されたようである。それに異を唱えたのが後藤田正晴官房長官。反対理由は、「紛争に巻き込まれたらどうするのか。日本はそこまでの覚悟ができていない」ということだったらしい。では、いつになったら覚悟ができるのかについては何も言われていない。

結局、中東への艦船派遣は断念して、ロラン（LORAN）という航法装置を提供した。要するに金銭で処理したということである。

ロランは、電波を出す装置で、船はロランの電波を捉えて、自分の船の位置を知る。衛星通信が発達してないころの話であり、今はロランは使われていない。イラン・イラク戦争のときには、日本は、ロランを中東の海に建設するだけで終わった。

その数年後に起こったのが湾岸危機・戦争である。

前述したように日本政府は、当初、イラン・イラク戦争のときのように再び金の提供だけで処理しようとして、多国籍軍への戦費提供を決めたが、米国からは今回は小国も「人的貢献」しているのに日本は何もしないのかと「人的貢献」を求められたのである。

当時の日本はまだ五五年体制が続いていた。野党第一党の社会党は、自衛隊は憲法違反という立場。共産党ももちろん違憲。公明党も当初は違憲という立場だった。民社党だけは自衛隊の活用に前向きだったように思う。このような政治情勢で、自衛隊派遣を決定することに相当な困難が伴うことも確かだった。

しかし、何もしなくてすむ状況ではなかった。

自衛官を安全地域に、民間人を危険地域に

人的貢献をするとすれば、いったい誰を出せば良いのか。様々な意見が出たが、議論はまとまらず、混迷を極めた。ここから約半年にわたる日本の迷走が始まることになる。テレビの主だった討論番組はこの話題で持ちきりだった。

私は防衛班で日米の調整にかかわっていたから、日本国内の議論をずっと追いかけていた。

初めに出てきたのは、民間人を派遣する案だった。自衛隊を出すと「海外派兵」と言われ、国民世論が紛糾して収拾がつかなくなる。そこで「民間にお願いしよう」ということになった。

実際に、民間海運会社に物資の輸送を依頼したものの、船員組合が猛反対。マスコミも、

「訓練をしている自衛隊が行かずに、民間海運会社に行かせるのはおかしいのではないか」と疑問を呈した。

その次に出てきたのは、民間人と自衛官をともに派遣する案。ただし、憲法九条の壁があるから、派遣地域は分けなければいけない。そこで「自衛官を安全地域に、民間人を危険地域に」ということになった。自衛官を危険地域に行かせると、武器を持っているので国権の発動たる武力行使になってしまう可能性がある。自衛官を安全な地域に行かせれば、武器を使う心配がない。民間人ならば危険地帯に行っても、丸腰だから国権の発動たる武力行使にはならない。よって「自衛官を安全地域に、民間人を危険地域に」という議論が大まじめになされていた。

しかし、誰が聞いてもおかしな話である。民間人が危険な地域に行って、自衛官が安全な地域に行くのは、あまりにも常識から外れている。さすがに常識の振り子が働き、この案は立ち消えとなった。

いずれにしても自衛官をそのままの身分で派遣するのはマズイ。ならば海外青年協力隊のような別組織を作ってそこに自衛隊を辞めた元自衛官に入ってもらって派遣する案も検討された。しかし、湾岸危機・戦争は永久に続くわけではない。戦争が終わった後の隊員の処遇をどうするのか。「自衛隊への復職を認めても良いのではないか」という意見に対して、「それでは自衛隊を行かせるのと同じで、ごまかしだ」という反論が出た。侃々諤々《かんかんがくがく》の議論を経て、この案も波の彼方に消えていった。

次に出てきたのは、自衛官の身分のまま、協力隊に所属し二つの身分を持たせるというもの。いわば右半身は自衛官で、左半身は協力隊員というややこしいもの。これも法律上無理であると分かり、この案も断念。

その次に出てきたのが、予備自衛官の活用案。予備自衛官は現役自衛官ではないから今は民間人だ。しかも元自衛官だからそれ相応の訓練は受けている。「それだ！」ということになった。

しかし、当時の予備自衛官は、自衛隊を辞めた高年齢層の人たちが中心であり、有事の際に、前線に行く若い人たちの代わりに後方支援等をするというのが主な役割である。その実態がわかると、失望感が広がった。政治家から「なぜ、ちゃんとした予備自衛官制度を作っておかなかったんだ～！」と怒られる始末である。

予備自衛官も使えないということになって、議論は完全に行き詰まった。

残された案は、自衛隊をそのまま派遣することである。

しかし、主要な報道番組では「自衛隊を派遣すれば、日本は軍国主義になる」という声が大きかった。テレビのワイドショーも、しかりである。

自衛隊派遣反対派の三つの合言葉

自衛隊派遣に反対する人たちが好んで使っていた合言葉は三つ。

「いつか来た道」

「蟻の一穴」

「軍靴の足音が聞こえる」

である。平和安全法制の際には、これらに「徴兵制の復活」が加わった。

自衛隊を海外に派遣すれば、「いつか来た道」で戦前回帰、日本は軍国主義の道を辿る。一人でも自衛官を出せば、「蟻の一穴」で、その後、関東軍が暴走したように十万人、百万人を出すことになる。そうなれば、戦時中に神宮外苑で学徒出陣の壮行会が行われたときのように、ダッダッダッ！　という「軍靴の足音が聞こえる」というのである。反対派は、この三つの言葉を連呼していた。

自衛官と接したことのある人は、反対派の言う三つの合言葉が、自衛官の実態とかけ離れていることを知っていた。だが、それはごく一部の人たちであり、多くの国民にとって、自衛官は遠い存在だった。

ある政府高官は、戦時中に自宅が憲兵隊に囲まれ監視されていた話をされた。大変お気の毒なことだったと思うが、それと自衛隊派遣とがどういう関係にあるのかが、全く理解できなかった。

要するに当時の国民には、「自衛官の顔」が見えていなかったということだと思う。自衛隊の基地は壁(塀)に囲まれている。壁の向こうにどんな人がいるのかを国民は知らない。映画やテレビドラマに出てくる軍人は、暴力的な人物ばかりで、やさしい人たちはあまり描かれていない。一般の人にとっては、「自衛隊=軍」だから、映画やテレビの軍人のイメージを自衛官に重ね合わせてしまう。したがって、三つの合言葉が効果を発揮することになる。

私は、機会あるごとに、「自衛官は普通の人間なんです」と言い続けてきた。私は防大に入校したが、小学校、中学校、高校のときには、友人たちと一緒に、ソフトボールをしたり、ドッジボールをしたりしていた。たとえ話として「私は、生徒時代、教室で貴方の隣に座っていました」とも訴えた。当たり前の話だが、そんなことさえ国民に伝わっていなかった。

自衛隊派遣に対する反対理由は　突き詰めると自衛官不信であったと思う。「あいつら、海外に出したら何をやらかすか、わからんぞ」ということである。平和安全法制の時の反対論調でも見られたが戦前の「軍の暴走」をイメージとして被せられる。

安倍総理が著書『新しい国へ』で二〇〇三年七月の陸上自衛隊のイラク派遣に関連して次のように述べている。

「派遣にあたっては、さまざまな議論があったが、わたしが、時代が大きく変化してきたな、とつくづく感じたのは、自衛隊の派遣地域が戦闘地域かどうか、という国会論戦がおこなわれたころである。自衛隊をイラクに派遣するときには、むしろ『危険な目にあうのではないか』と、自衛隊に温かい目をむける人のほうが大勢を占めた。この結果、サマーワには、きちんとした装備で行くことができた。その意味では、自衛隊をめぐる議論は、この十年を経て、成熟過程に入ってきたといえる」

これは私の実感でもある。ただ、当時はいくら説明しても、自衛官のことを信じてもらえない。これは行動で示さない限り信じてもらえないと思ったが、その機会さえ与えられないだろうと思った。

私は、当時、三佐で三十六歳。まだ自衛官生活がだいぶ残っていたが、何やら絶望感を抱いた。「この先、何のために自分は自衛官をやっていけばいいのか？」と。

大金を出したのに感謝広告に日本の名はなかった

最終的に政府は、戦闘に関係のない支援、現地のインフラ復旧や生活支援のために自衛隊派遣を可能とする「国際連合平和協力法案」を一九九〇年十月に提出したが、自衛隊の海外派兵に道を開くものとして反対の渦に飲み込まれ、廃案となった。

このような日本の状況は国際社会から〝ツー・リトル、ツー・レイト〟の烙印《らくいん》を押されてしまった。

しかし、世界は待ってくれない。一九九一年一月十七日に戦端が開かれて、湾岸危機から湾岸戦争に移行した。「砂漠の嵐」作戦の発動である。シュワルツコフ司令官が指揮する多国籍軍は、イラクをクウェートから駆逐し、一カ月で勝負がついてしまった。戦争が始まって、日本政府は、急遽航空自衛隊の「C－130」輸送機を中東に派遣したが、動かずじまい。人的貢献という観点からは何も出来なかった。

窮余の策として出てきたのが、資金協力である。戦争開始前にすでに四十億ドルの提供を決めていたが、急遽九十億ドルを追加し、計百三十億ドル（為替の目減り分を含めて百三十五億ドル）を提供した。当時の為替レートで計算すると、一兆八千億円ほどである。ただし、「武器弾薬等には使わないで下さい」などの条件を付けた。

戦争が終わり、クウェートは参戦国に対して感謝決議を行うとともに、米『ワシントンポスト』紙などに感謝の広告を出した。

そこにはクウェートが謝意を示す国々の国旗と国名が並んでいた。わずかな兵しか派遣していない小国も入っていたが、上を見ても、下を見ても、左を見ても、右を見ても、日の丸や日本の名前はなかった。一兆八千億円もの資金を拠出したのに、感謝される国に入っておらず、日本政府、国民はショックを受けた。

しかし、これは日本の方が、感覚がズレていただけである。クウェートは、イラク軍を追い出すために命を張って戦ってくれた国々に感謝の意を示した。当たり前のことだ。

日本にとって一兆八千億円は巨額である。台風・地震などの災害時に被災国に拠出する資金でも、数十億円、数百億円規模である。

様々な予算が削られて、資金拠出に充てられたが、中でも防衛予算の減額は大きかった。海上自衛隊は、練習艦の予算を全額上納した。練習艦というのは、遠洋練習航海のときの中心となる艦である。

従来は、「かとり」が練習艦であったが、老朽化してきたため、リタイアさせることになった。海上自衛隊は、「かとり」のリタイア後にバトンタッチする「かしま」の予算を要求していたが、それを全額、湾岸戦争の拠出金のために上納した。そのため、「かとり」のリタイア後は、一年間、教育のために重要な練習艦がない状態で遠洋練習航海をさせている。おそらく他の予算もかなり上納しているはずである。

冷笑と罵倒のなかで危険な任務をやり遂げた掃海部隊

クウェートの感謝広告に日本が掲載されず、さすがに「こんなことでは、日本は世界から孤立する」という危機感が高まった。「今からでも何らかの人的貢献をするべきだ」という意見が多くなり、ペルシア湾に掃海部隊を派遣することに決まった。ペルシア湾には、機雷がたくさん残っていたから、それを処理するための派遣である。

一九九一年二月二十八日に戦闘が終結し、四月十一日にすでに停戦合意が発効しているから、武力紛争に巻き込まれる心配はない。戦争が終わっている地域に中立的立場として行くのであれば、憲法にも違反しないということである。

政府は、現行の自衛隊法によって派遣できるという解釈をとった。自衛隊法では、掃海作業の地域が限定されていないから、自衛隊法を使えると解釈したのだ。自衛隊にとってついに行動で示す機会が与えられたのである。

さかのぼると、太平洋戦争中、日本近海には米軍が多数の機雷を落とし、日本海軍も防御のために機雷を敷設《ふせつ》した。終戦時には、米軍が敷設した感応機雷六千五百個、海軍が敷設した係維《けいい》機雷五万五千個が残っていた。

瀬戸内海、関門、津軽、紀伊水道に残された膨大な数の機雷を処理しないと、港に船が入れない。船が入れなければ、経済復興もままならない。

昭和二十年十一月に海軍が解体され、掃海業務は第二復員省が引き受けた。海上の治安維持は必要であるから、昭和二十三年に海上保安庁が設立され、掃海業務が引き継がれた。海上保安庁の中に航路啓開部ができ、機雷処理の専門家が集結した。機雷処理技術を持っているのは旧海軍軍人しかいないから、必然的に旧海軍軍人が集められることになった。

彼らは、膨大な数の機雷処理に取りかかった。すべての作業が完了したのは昭和三十年代。戦後十年以上かかっている。その間に七十九名の殉職者を出した。その犠牲の上に、我が国は経済復興を果たしているのである。

ちなみに香川県の金刀比羅宮で海上自衛隊主催により毎年、掃海殉職者慰霊祭が行われている。しかし、これら殉職された方々は戦後の経済復興の礎となられたわけであり、本来は国が主催するべきではないかと思っている。なお、主権回復前の日本は朝鮮戦争に掃海部隊を派遣し一名の戦死者を出している。その一名の方も殉職者に含まれている。

昭和二十七年に海上保安庁から分離独立する形で海上警備隊ができ、航路啓開部は海上警備隊に所属した。昭和二十九年に、海上警備隊は警備隊を経て海上自衛隊に改編された。こうした歴史的経緯があるため、発足当初から自衛隊法により海上自衛隊の任務として機雷処理が付与されていた。

機雷は日本周辺海域に広く敷設されていたため、機雷処理の場所については法律で限定されていなかった。もちろん、法律制定時にペルシア湾は想定されていなかったはずだが、法律に場所が明記されていない以上、自衛隊法を使ってペルシア湾でも機雷処理ができるという解釈をとったのである。

一九九一年四月二十六日に五百四十一名からなるペルシア湾掃海派遣部隊が出港した。部隊指揮官は第一掃海隊群司令の落合畯《たおさ》一佐（大佐）。派遣部隊には十代の隊員もいた。

横須賀、呉、佐世保の三つの港に分かれて出港し、奄美大島沖で集結してペルシア湾に向かう手はずになっていたが、各港で反対派が妨害活動をした。

横須賀の場合は、活動家がボートで掃海艇の前に乗り付けて、出港させない手段に出た。私はテレビ中継を見ていたが、女性活動家が「アジアの海に日の丸を立てないで〜！」と叫んでいたのを今でも覚えている。

また、テレビ番組では、ある評論家が「一個か二個くらい、（機雷を）残してくれているんじゃないですか」と薄ら笑いを浮かべながら言っていた。新聞報道でも、こんなちゃっちい木造船で中東まで行けるのかとバカにする向きもあった（掃海艇は磁気に反応しないように木造だった。今はグラスファイバーが主流）。

港では罵声を浴びせられ、マスコミからは冷笑された。しかし、派遣された掃海部隊は、非常に高い能力を発揮した。

他国は停戦直後から掃海作業を開始していたが、日本は出遅れた関係で、難しい海域しか残っていなかった。日本が担当した海域は、最も危険な海域だった。

ダイバーが潜って機雷に爆薬を付け、一つ一つ爆破処理した。困難なオペレーションであったが、彼らは三十四個の機雷を見事処理して帰ってきた。

なお、このときの掃海部隊指揮官の落合一佐は、太平洋戦争での沖縄戦において、「沖縄県民斯ク戦ヘリ　県民ニ対シ後世特別ノ御高配ヲ賜ランコトヲ」の決別電報を送り自決された大田実少将（沖縄方面根拠地隊司令官、死後中将）の三男であった。

「顔の見える自衛隊」が始まった

このペルシア湾派遣が平成三年であり、平成とともに自衛隊はオペレーションの時代へ入ったと私は位置付けている。そして、この派遣は自衛官の顔が国民から見えるようになった起点ととらえている。

テレビでは、反対派の活動家の姿も映し出されたが、同時に、港で隊員を送り出す家族等の姿も映し出された。そこには、小さな子供が涙ながらに父親を見送る姿、若い隊員が恋人と抱き合っている光景などがあった。普通の人々の姿、光景である。

掃海部隊は約半年のオペレーションで三十四個の機雷を処分し無事帰国した。一つの事故もなく国際社会からも高く評価された。また、現地の在留邦人の方々からも大歓迎を受けた。湾岸危機・戦争での貢献策で出遅れたため、現地の日本人は肩身の狭い思いをされていた。

そこに自衛艦旗（旭日旗）を翻した掃海部隊が到着したのである。外地で見る日章旗、自衛艦旗は格別であり、日本人を感激させる。それが国のシンボルというものである。そこには思想、イデオロギーは関係ない。

湾岸諸国では、自衛艦旗が翻ったときに、在留邦人の方々が涙を浮かべる姿があった。ある在留邦人は「自分たちは肩身の狭い思いをしてきたけど、自衛隊が来てくれて本当に良かった。これからは堂々と街を歩けます」とインタビューに答えていた。

しかし、自衛隊を巡る国内状況はそんなに甘くなかった。

出港する際のシュプレヒコールは「アジアの海に日の丸を立てないで〜！」だったが、帰港した際のシュプレヒコールは、「戦勝パレードは許さないぞ〜！」だった。

なぜ、反対派の人たちは「戦勝パレード」と言い出したのか。それは、湾岸戦争に勝利した米国がニューヨークの五番街で華やかな戦勝パレードを実施したからである。第二次世界大戦終結のときも戦勝パレードが行われた。米国の恒例行事のようなものである。湾岸戦争を率いたシュワルツコフ大将が一躍、英雄となり、シュワルツコフ大将を先頭に盛大なパレードが行われ、五番街に大量の紙吹雪が舞った。

その映像が日本でも放送されたから、掃海部隊の帰還を戦勝パレードと言い出したのであろう。掃海部隊は戦勝パレードをしたわけではなく、ただ港に帰ってきただけである。しかも久しぶりに家族、友人、恋人等に会うのを楽しみに帰ってきただけである。戦争もしていない。

掃海部隊は、活動家の怒号の中、港に入ってきた。しかし、テレビに映し出されたのはやはり活動家だけではなかった。そこには隊員の帰還を喜ぶ大勢の家族等の姿があった。ハンカチで涙をぬぐう家族、笑顔あふれる小さな子供、家族等との再会で顔をほころばせる日焼けした隊員。若いセーラー服の隊員と抱き合う茶髪のオネエサン。微笑ましい光景である。

自衛官たちの笑顔がアップでテレビに映し出された。

自衛官の顔が国民に見え始めた。と私は感じた。

反対派の人たちが言ったように自衛隊派遣によって日本は軍国主義にはならなかった。当り前である。ゆっくりだが確実に国民の自衛隊を見る目は変わり始めたと感じた。

ＰＫＯでカンボジアに陸上自衛隊を派遣

やがて、日本も国際連合平和維持活動（ＰＫＯ）に参加すべきだとの声が上がり、三国会にわたって「国際平和協力法案」いわゆるＰＫＯ法案が審議され、平成四年に成立した。掃海部隊のペルシア湾派遣がなければ、おそらくＰＫＯ法案は通っていなかったと思う。

採決時には、社会党、共産党、社民連は、牛歩戦術で激しく抵抗した。ＰＫＯ法案成立後、社会党議員の方々は「憲法が死んだ日」として辞職願を議長に提出された。

それまで国連を賞賛してやまなかったＰＫＯ反対派のジャーナリストの方々も「国連ほど邪悪なところはない」と急に言い出した。ＰＫＯ法案に反対論を唱えるために、手のひらを返されたと思うが、何か変な感じだった。

防大に在学しているときに、「国連にはＰＫＯという軍隊の仕事がある」ということは聞いていたが、自衛隊がＰＫＯに行くことなど思案の外だった。しかし、自衛隊が遂にＰＫＯに行く時代がやってきたのだ。

さっそく、一九九二年九月に、カンボジアへの自衛隊派遣が決まった。指揮官は私の防大同期の渡邊隆二佐（中佐）だった。陸上自衛隊としては初めての海外派遣で、道路建設を担う施設部隊と停戦監視要員が派遣された。

ただし、憲法との整合を図る観点からＰＫＯ参加五原則（①停戦合意が成立　②日本参加に合意　③中立厳守　④上記条件が欠けたら撤収　⑤武器使用は最小限）が定められた。これにより特に武器の使用は厳しく制限されていた。今もこの五原則は適用されており、これが日本のＰＫＯ参加の幅を狭めていることは確かである。二〇一七年五月に南スーダンへのＰＫＯ派遣が終了した後の自衛隊によるＰＫＯへの部隊派遣はなくなっている。

制約の多い中でのカンボジア派遣であったが、しかも高田晴行警視の殉職という痛ましい出来事もあったが、自衛隊員たちは任務をやり遂げた。一口に道路建設といっても、地雷が多数埋まっているカンボジアでの道路建設は非常に危険であり、困難を極めた。しかし、日本のＰＫＯ部隊は道路や橋の修理を精力的に行い、修理実績は道路で延べ百キロ、橋は四十箇所に及んだ。その後ＰＫＯはゴラン高原、ハイチ、モザンビーク、スーダン、東チモール、南スーダンと続くことになる。

ＰＫＯ協力法の成立と同時期に、国際緊急援助隊法も改正され、自衛隊を国際緊急援助隊として派遣できるようになった。この海外への災害派遣ともいうべき国際緊急援助隊にも自衛隊は海外派兵に当たるという理由で、それまで参加できなかったのである。

その後、パキスタン水害（二〇一〇年）、ネパール地震（二〇一五年）などで救援活動に当たることになる。

防衛課防衛班に在籍していたときに、湾岸戦争からＰＫＯ協力法成立までの一連のこのような動きが起こった。自衛隊はオペレーションの時代に入り、それに伴って国民に顔の見える自衛隊へとゆっくりだが確実に変容していった。私はそれを「家政婦は見た」ではないが、防衛班の末席からじーと見ていた。

第四章

艦長を経て
米海軍大学留学へ

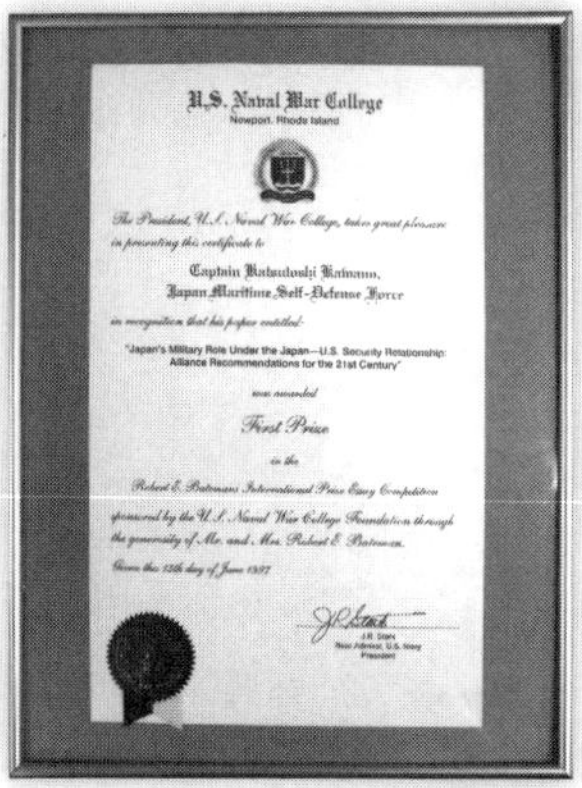

米国海軍大学に留学（1996年-1997年）し、そこで書いた卒業論文はベイツマン賞という最優秀論文賞を授賞した。1000ドルの賞金もついていた。

自衛隊創設以来初めての海上警備行動を受け北朝鮮の不審船を追尾した護衛艦「みょうこう」。任務を終え舞鶴に戻ったところ（1999年３月26日・共同通信社）。

もう、しょうがない、艦長をやれ

二年半ほど防衛班にいる間に、一九九一年（平成三年）七月、二佐（中佐）になった。二佐というのは、海上自衛官にとっては、ターニング・ポイントである。海上自衛隊の二佐は、航空職種にとっては「飛行隊長」、艦艇職種にとっては「艦長」になり始める階級で、普通の護衛艦の艦長は二佐、大型艦の艦長は一佐というのが相場だった。

私もそろそろ艦長になる時期にさしかかった。艦長になる前には一、二週間ほど艦艇長講習を受けなければならない。私もその講習を受けた。その時、人事課の担当者が面接に来て、次の配置についての説明があった。海上自衛隊の艦長は、出港時と入港時には自ら操艦（艦の操縦）の指揮をするのが習わしだ。ところが私の場合は、経歴が特殊である。まず、航海長という職に一度も就いておらず、水雷しかやっていない。当直士官として艦橋（ブリッジ）で操艦をしたのは「はるゆき」水雷長のときの一年足らずだった。

水雷長は戦闘配置になったら、ソナー室で、魚雷やアスロック（対潜ミサイル）の発射を指揮するが、通常の航海中はローテーションで当直士官として艦橋に立って操艦するだけだ。しかも、大学院、幹部学校の学生、防衛班勤務などで五年くらい水上艦に乗っていない。

護衛艦内の編制は、艦長、副長がいて、その下に各科長がいる。航海長は、航海科の科長だ。船務長は船務科の科長、機関長は機関科の科長、補給長は補給科の科長。そして砲雷長は砲雷科の科長である。通常、砲雷長の下に砲術長と水雷長がいるが、私は水雷長だったわけで科長ではない。

科長が一般の会社の課長だとすれば、水雷長は係長クラスである。私は、水雷長を最後に、航海長もやっていないし、砲雷長すらやっていない。ましてや副長もやっていない。こういう経歴は、海上自衛隊では非常に珍しい。実にアンバランスな経歴だ。このような経歴は後にも先にも私だけだと思う。本来このような人事はやるべきでないと思っている。だが、今さらどうしようもない。係長から、いきなり社長になるようなものだ。

私は、人事課の担当者に「艦長にさせていただくのは、光栄なことですけれども、しばらく水上艦に乗っていません。できれば、一度副長をやらせていただいて、それから艦長というわけにはいきませんか？」と尋ねてみた。そうすると担当者は、「心配するな！　やれば何とかできるものだ」と言いつつ、私の経歴表をめくっていくうちに顔色が変わった。

そしておもむろに顔を上げ「しかし、おまえそれにしても本当に艦に乗っていないな」と言われた。「えっ〜、それを承知で艦長の話を進めているのではなかったのですか?」と私は椅子から転げ落ちそうになったが、しばらく考え込まれた末「もう、しょうがない」と言われ、佐世保地方隊所属の第三十九護衛隊に編入されていた「おおよど」の艦長を命ぜられた。一九九二年（平成四年）八月十日に着任した。

佐世保は翌年には「ハウステンボス」の開業を控えていた。

「おおよど」はDEというタイプの小型の護衛艦で乗員は百二十名ほどである。

佐世保には、護衛艦隊所属の第二護衛隊群があるが、第一線部隊ということもあり防大や一般大学出の若い幹部たちは、こちらに配属されることが多い。それとは別に、当時は佐世保地方総監の下に佐世保地方隊があり、その所属に第三十九護衛隊があり、護衛艦は「おおよど」「せんだい」「とね」の三隻で編成されていた。いずれも川の名前がついている。私は「おおよど」という艦名が気に入っていた。宮崎県の大淀川から頂いた名前であり、帝国海軍の軽巡洋艦「大淀」は、戦時中は一時期、連合艦隊の旗艦にもなった軍艦だった。

佐世保における第一線部隊は、第二護衛隊群であり、佐世保地方隊はいわば地方回りの部隊という位置付けで、主な任務は沿岸警備である。「おおよど」の幹部は、私よりも年齢が上で「とっちゃん幹候《かんこう》（幹部候補生）」と呼ばれる叩き上げの人たちが多く、「とっちゃん」たちとワイワイやりながら、愉快に過ごした。この時の付き合いは今でも続いており、毎年、長崎県川棚から手作りの干し柿を送ってきてくれる人もいる。

艦長として初めて佐世保を出港する際は緊張感をもってやったが、スムーズに出港できたので、「何だ、簡単じゃないか」と思い速力を上げたら、何やら左舷側が騒がしい。行ってみると、何とタグボートを引きずっているではないか。タグボートと艦はロープで繋げているが、そのロープをはずすのを忘れていたのである。慢心は禁物である。

一九九三年（平成五年）の夏、奄美大島に向かっていたところ、鹿児島で豪雨による大水害が起きた。

佐世保地方総監から「直ちに取って返せ」との命令があり、鹿児島湾に入った。湾内は瓦礫《がれき》の山だった。

乗員をボートに乗せて、陸の中に孤立している病院に向かわせ、患者さんたちを抱きかかえて救出する救援活動を行い、乗員たちは多くの患者さんたちを救出した。

「おおよど」は、いい護衛艦だったし、乗員にも恵まれて、充実した一年間だった。

艦長は、船乗りの海上自衛官なら誰もがやってみたい配置であり、目標でもある。最初は、艦長になることに不安もあったが、結果としては事故もなく、一年間やり通した。

後から、「とっちゃん」の副長から聞いた話だが、私が艦長に着任する前、「今度来る艦長は将来有望な人らしいかぞ、絶対傷つけたらいかんばい、傷つけたらオイたちの恥ぞ」と、「とっちゃん」たちで話し合ったそうである。私は有難いことに、「とっちゃん」みんなに支えられていたのである。

冷戦終結後の防衛計画大綱

一年間「おおよど」の艦長を務めた後、再び、海幕の防衛課防衛班に戻った。

最初の防衛班勤務は、対米調整など政策的なことにかかわったが、今度は、防衛班の主たる業務である水上艦艇の防衛力整備を担当することになった。

我が国で初めての防衛計画の大綱は、昭和五十一年（一九七六年）に策定された。米ソのデタント（緊張緩和）が進んでいた当時のことである。

東西の全面的な軍事的衝突が実際に起こる可能性は低いという前提であり、「周囲に軍事的脅威はない」という想定だった。日本がある程度の防衛力を持っていなければ、真空地帯となり地域の平和と安全を乱すことになるので、空白地帯を作らないために防衛力を整備するというのが基本コンセプトだった。これは「基盤的防衛力構想」と呼ばれ、通称「山川理論」とも呼ばれていた。つまり軍事的脅威への対処というより、ざっくり言えば、日本の山、川、港などの地形的特性で防衛力を算出する考え方である。そういう意味では静的な防衛力構想と言えた。

以来、二十年近く大綱を変えていなかったが、冷戦の終結によって国際情勢は大きく変化したこともあり、大綱を見直すことになったのだ。その作業に海上自衛隊の立場から参画したが、「基盤的防衛力構想」は踏襲され、そこから脱することはできなかった。しかし、「防衛計画の大綱」策定を通じて我が国の防衛力構想の根幹を知ることが出来たことは私にとって大きな成果だった。

翌年の平成八年（一九九六年）三月には、中国が台湾近海で三回のミサイル発射訓練を行い、クリントン米大統領が二個空母打撃群を台湾海峡に派遣して、中国を封じ込める台湾海峡危機が起こるのだが、策定段階では、まだ中国を脅威と見なす状況になかった。

その後、防衛計画の大綱は、平成十六年、平成二十二年、平成二十五年に改訂され、平成三十年には今の防衛計画の大綱が策定されている。

平成十六年までは「基盤的防衛力構想」が踏襲されたが、平成二十二年に「動的防衛力」に変更された。平成二十五年には、陸・海・空を統合した「統合機動防衛力」、そして平成三十年からは、宇宙・サイバー・電磁波の領域を含めた「多次元統合防衛力」の構築へとつながっていく。

その頃の私は、水上艦艇の防衛力整備を担当していたが、細かいことは同僚の班員に任せ、主としてコンセプト的なことをやっていた。そのうち細かいことをやらないので、「大所高所の河野」という異名をとるようになった。仲間とゴルフに行くと、その当時5番アイアンしか使わなかったので、「河野さんはゴルフでも大所高所ショットですね」と笑われた。要はすべて大雑把ということなのだろう。

阪神淡路大震災での自衛隊災害派遣

先に述べたように平成三年（一九九一年）のペルシア湾への掃海部隊派遣を契機に、自衛隊は「オペレーションの時代」に入った。この時期くらいから、自衛隊内でも「作る自衛隊」から「働く自衛隊」というキャッチフレーズが使われ始めた。つまり防衛力は整備するがそれを使わない時代から使う時代になったということである。考えてみれば変なキャッチフレーズだが、それまでも自衛隊は十分働いていたけれども、その顔が国民にはあまり見えていなかったことも確かである。その意味で自衛隊は多くの国民にとっては未だ身近な存在ではなかった。

そして平成七年（一九九五年）一月十七日、阪神淡路大震災が起こった。

発災は、午前五時四十六分の早朝夜明け前であった。しかし、自衛隊が出動したのは、発災後四時間以上も経ってからだった。

「自衛隊の出動が遅い」と批判され、陸上自衛隊中部方面総監部の松島悠佐総監は、「十分なお手伝いができなかった」と行きたくても行けなかった無念さを涙ながらに語られた。一部には、当時の兵庫県知事が自衛隊要請を躊躇《ちゆうちよ》したという話はあるが、真相はよく分からない。

ただいずれにしても当時、自衛隊は、都道府県知事や市町村長からの要請がない限り、駐屯地の外に部隊として出て行くことはできなかった（近傍の火災は別）。それは二・二六事件が遠因のようだ。昭和十一年（一九三六年）に起きた二・二六事件は、正式な命令もなく軍を駐屯地の外に勝手に動かしてクーデターを起こそうとしたものであり許されることではない。そこで二度とこのようなことのないように要請がない限り、部隊として勝手に駐屯地から出てはいけないと縛りを掛けていたのである。

したがって発災直後から自衛隊は準備をしていたのだが、知事等からの要請がなく、結果として出動することができなかったわけである。知事が躊躇したかどうかはよく分からないが、災害発生、即自衛隊に派遣要請という今のような雰囲気でなかったことは想像できる。まだ、迷彩服で街中を歩くことが憚られた時代だった。

国民から顔の見える自衛隊に変容しつつあったが、当時は未だ過渡期であり、そのような齟齬《そご》が生まれたのではないかと思う。しかし、遅ればせながら自衛隊は懸命な救援活動を行い多くの人命を救い、生活支援を行った。不幸な出来事であったが、この災害派遣を通じて自衛隊が関西の方々にとってより身近な存在になったことは確かだと思う。以後、自治体の長の要請がなくても自衛隊の判断で災害救援活動に就けるように法律が改正された。

平和安全法制を先取りした米海軍大学卒業論文

私は、平成八年（一九九六年）一月に一佐（大佐）に昇任し、その夏に米海軍大学（ロードアイランド州ニューポート）に留学した。家族も一緒だった。

私が留学したコースは、ＮＣＣ（ネイバル・コマンド・カレッジ）といって、米海軍トップだったバーク大将が一九五六年に創設したものである。ちなみにバーク大将は海上自衛隊創設に大きく貢献された方である。

冷戦期でもあり、西側陣営の大佐クラスを招いて結束を図るという意味合いもあった。私は一九九六年から一九九七年までの一年間のクラスだったのでクラス・オブ・一九九七である。私のクラスは私を含め三十七カ国から大佐クラスが集まっており、台湾からの留学生もいたが、制服を着用することは許されなかった。充実した一年間だった。学校での授業のかたわら研修プログラムもあり、グランドキャニオン、ディズニーワールド、ブロードウェイ、米軍施設、軍事産業など様々な場所に連れていってもらった。

学んだ内容は、戦略、戦史、マネジメント、オペレーションなど。最後にはウォー・ゲームも行った。要するにコンピューターを使った図上演習である。そのウォー・ゲームの事前説明のときにスクリーンに映し出された言葉に息をのんだ。米軍トップのシャリカシビリ統合参謀本部議長の「ＣＮＮが勝ったと言わない限り、米軍は勝利していない」との言葉だった。マスコミを通じた情報発信の重要性を強調したものだが、私にとっては新鮮であり、勉強になる言葉だった。この言葉は、以後の勤務で身に染みることになる。

米海軍大学では、通常クラスで授業を受けるときは、私服だった。「階級を意識させずにフランクに議論をさせる」というポリシーのためである。確かに階級に関係なく米軍人同士は敬語なしで自由に議論していた。日米の文化の違いもあり、そのまま適用するのは難しい面があると思うが、日本でも取り入れたらどうかと思い、帰国後、進言したが、まだ実現はしていない。日本では、上司との会合で「今日は無礼講だ」ということで、それを信じて行動した部下が、その後、〝悲劇〟に見舞われるという話はよく聞く。

留学生同士が、それぞれの家に四、五家族くらいずつ呼んで交流も深めた。我が家に呼んだときには、日本食をふるまった。

三十七カ国から、それぞれ一人ずつ送り込まれたクラスだったが、後々海軍のトップになったのは、シンガポール、チリ、デンマークからの留学生と私である。チリ海軍トップになったエドモンド・ゴンザレス大将とは、卒業してからも日本で数回会う機会があった。シンガポール海軍のトップになったルイ・タック・ユー氏は、退役後、大臣、駐日大使を経て今は駐中国大使の要職を務めている。駐日大使の時、あるパーティーで、公表される前に初の米朝首脳会議はシンガポールであるとこっそり教えてくれた。

卒業論文では、ベイツマン賞という最優秀論文賞を頂いた。日本人留学生がこの賞を取ったのは私が初めてだった。最優秀論文賞には一千ドルの賞金がついた。これは、帰国する際に大いに助かった。

私の論文のテーマは、「日米安全保障体制下における日本の軍事的役割―二十一世紀の日米同盟」である。私が、主として海幕の中枢とも言うべき防衛課防衛班勤務を通じて考えたことの集大成の意味もあった。要は日米安保体制下での日本の軍事的役割の増大を主張したものである。沖縄の基地問題にも触れており、沖縄の米軍基地が過重であることは事実なので、それを解決するためには、基地闘争で米軍基地の返還を迫っても可能性は少ない。日本の軍事的役割を増すことによる日米の戦略調整によって基地問題を解決すべきであると主張した。そして、提言として、政治レベルでは集団的自衛権の行使の必要性。戦略レベルでは攻勢作戦の一部を自衛隊が担うべきこと。オペーレーション・レベルでは、米海軍機動部隊の護衛、米海兵隊の両用戦への支援体制の充実である。要は日本の軍事的役割を向上させることにより、日米安全保障体制の双務性を高める方向に持って行くべきであると論じたわけである。その意味で、平成二十七年（二〇一五年）に成立した「平和安全法制」を一部先取りした内容とも言える。そして最後に「二十一世紀を迎えるに当たって日米両国は、日米同盟を単に日本の安全のための保障でなく、「リスクを共有」するという真の同盟関係に変えるべく不断の努力を払うことが肝要である」と述べた。この考えは今も変わっていない。

一方、次のようにも主張した。

「一九九六年に海上自衛隊の練習艦隊が韓国の釜山を訪問した。これは、戦後初めて日本の『旭日旗』が韓国で翻ったことを意味していた。この訪問は問題なく成功を収めた。日韓の戦後世代は、歴史は歴史として、将来に目を向けようとしているのである。その意味で、将来的には、日米韓の軍事面での協力関係の構築についても検討すべきであろう」

残念ながらこの見通しだけは甘かったと認めざるを得ない。

いずれにしても、このような内容の論文を米海軍大学が最優秀論文に位置付けてくれたことの意味は大きいと思った。

合同演習に〝面倒〟を持ち込んだ日本

米海軍大学への留学から帰国した平成九年（一九九七年）の八月に、横須賀を拠点とする護衛艦隊所属の第一護衛隊群司令部の首席幕僚兼作戦幕僚として着任した。

第一護衛隊群の旗艦は「しらね」。以下、イージス艦「きりしま」、ミサイル艦「あさかぜ」、その他「ゆき」クラスなどで編成されていた。この当時、水上部隊の基本戦術単位である護衛隊群は、八艦八機の体制だった。護衛艦八隻に艦載ヘリコプター八機ということである。

このときの大きな仕事は、平成十年（一九九八年）夏の多国間演習「リムパック（環太平洋合同演習）」への参加だった。中東情勢が緊迫していた時期で、九八年十二月にはイラクで砂漠の狐作戦が行われた。横須賀を母港としていた米空母「インディペンデンス」が中東に派遣されたため、空母なしのリムパックとなった。

そもそもリムパックは、冷戦下の一九七一年に始まったものであり、冷戦下の西側諸国による合同演習だった。当初は、環太平洋の米国、カナダ、オーストラリア、ニュージーランドの四カ国の海軍が対ソ連を意識して合同演習をしていた。平成二十六年（二〇一四年）からは中国も入ってきて変質してしまったが、もともとは西側諸国の海軍演習である（米中関係悪化に伴い、近年は中国は招待されていない）。

リムパックに日本が初参加したのは昭和五十五年（一九八〇年）。「ひえい」と「あまつかぜ」が演習に参加した。

「同盟国である日本も演習に参加しないか」と米海軍から誘いがあったのだが、国会では「集団的自衛権の行使ではないか」と大論戦となってしまった。日本と米国の二カ国での演習であれば、同盟国による演習だからかまわないが、他の国が入っていると集団的自衛権の行使に当たるというのである。戦争シナリオに参加することはなく、目的はあくまでも戦術技量の向上であるという理屈で国会を乗り切った。

防衛庁・海上自衛隊は、集団的自衛権の行使という批判を避けるため、さらに手を打った。米国側に頼み込んで、参加国を二つのグループに分けてもらったのである。日米のみで編成されたバイラテラル・フォースと日本を除いた他の国で構成されるマルチラテラル・フォースである。つまり、米海軍を二分してもらったわけである。日本は、折角の合同演習であるリムパックをあくまでも日米共同訓練という形にしてもらった。しかし、これは日本の国内事情を背景とした日本の理屈であり、米海軍としては「何で？」ということになる。

平成十年（一九九八年）に私が参加したリムパックでも、この二本立ての編成で演習が行われた。米国は、二つの編成に分けることを受け入れていたが、私は当時ある米海軍の幕僚から、日本はリムパックに面倒を持ち込むと言われたことがある。米海軍としては、せっかくの多国間演習なのにわざわざ参加部隊を二つに分けなければいけないのだから、米海軍の幕僚の思いは当然だろう。

今は、自衛隊は多国間演習に積極的に参加している。リムパックも性格が変わってきたこともあり、このようなややこしいことはやっていない。

ちなみに西太平洋海軍シンポジウムという対話の枠組みがあり、二年に一度主催国持ち回りで開かれている。日本として最初にこのシンポジウムを主催しようとした際にも、一部から集団的自衛権に抵触する恐れがあるとして懸念が示された。今は、問題なく主催しているが、そういう時代だったわけである。

海上自衛隊は、リムパックから多くのことを学んだ。ただ、当初は訓練項目にあった「フリープレイ」を「休憩時間」と勘違いし、艦上で乗員が運動していると、米側から撃沈（もちろん模擬）されるという笑えない話もあった。「フリープレイ」とは「シナリオなしの対抗戦」だったのである。

リムパックに参加中の平成十年（一九九八年）八月三十一日に、確かシアトルに停泊中だったと思うが、北朝鮮がテポドン一号を発射した。北海道を越え、三陸沖に落下。日本列島を越えた初めてのミサイル発射だった。

リムパックには、イージス艦の「きりしま」も参加していたため、日本から「きりしま」をすぐに戻すべきだとの話もあったようだが、すでにテポドンが発射された後だったこともあり、「きりしま」を帰国させることにはならなかった。当時のイージス艦は、BMD（弾道ミサイル防衛）艦に改修されておらず、弾道ミサイルを撃ち落とすことはできなかった。出来ることといえばレーダーで追尾することくらいである。日本には弾道ミサイルに対処する能力がまだ備わっていなかった。

米軍高官から称賛された私の論文

第一護衛隊群に一年四カ月ほどいた後、平成十年（一九九八年）十二月に、再び海幕の防衛課に戻った。今度の配置は防衛調整官である。防衛課長を補佐する防衛課ナンバー・ツーの配置だ。

前述したように、私の場合、経歴が非常に偏っている。水上艦艇では、スリーローテーション（砲雷、船務・航海、機関）が通常であるが、私は砲雷の中の水雷しかやっていない。

海幕においては、人事、防衛、教育のいわゆる「人・防・教」をやることがバランスのとれた経歴と言われていた。防衛をやった人は、次は人事をやり、人事をやった人は、次は教育をやるといった感じである。

ところが私は実質的に防衛しかやっていない。若いときに総務課総務班に配置されたが、勉強にはなったが雑用が多く、少なくとも創造的な配置ではない。

私のアンバランス人生はさらに続き、防衛調整官として主として防衛交流を担当することになった。

このころになると、対外関係イコール対米関係から脱皮し、防衛庁として防衛交流の拡大、強化が進められていた。したがって、海外出張も多く、イタリア、スペイン、オランダ、イギリス等とヨーロッパの国々へもよく行かせてもらった。

海上幕僚長の訪米にも随行させてもらった。その時に、海上幕僚長が面会したトップクラスの米軍高官から海上幕僚長がいる前で私に対して「おお、おまえが河野か。あれは、なかなかすばらしい論文だ」と声を掛けられた。何のことかと訝《いぶか》っていると、私が米海軍大学で最優秀賞を貰った論文のことだった。私が米海軍大学を卒業した後に「ネイヴァル・ウォー・カレッジ・レビュー」という米海軍大学が定期的に発行している機関誌に掲載されたのだ。

先述したとおり、日本が安全保障上の役割を拡大して、日米同盟を双務性にもっていく必要があると論じたものである。その中で日本が役割を拡大すると、アジア諸国が反発するという人がいるが、反発するのは中国、北朝鮮だけであり、しかもそれは戦略的な観点から別の目的をもってする政治宣伝であるとも書いた。東南アジア諸国は日本の役割拡大を歓迎しており、日米同盟の信頼性向上のために、極力、双務性に近づけるべきだと書いた論文である。

確かに当時としては先を行き過ぎた内容とも言えるが、自分としては部外に発表するつもりはなく、あくまでも卒業論文として書いたものであり、アカデミック・フリーダムの範疇だと思っていた。ところが、米海軍大学の機関誌とはいえ部外に発表されたわけである。見方によっては、当時の政府見解に反する論文を現役自衛官が書いたとして問題にする人がいてもおかしくなかった。しかし、結果として問題にはならなかった。英文論文であったため、日本人の目にあまり留まらなかったのかも知れないと思っている。

この訪米は、もう一つ大事なミッションを帯びていた。新しい大型のヘリコプター搭載護衛艦の後継問題を米海軍と話し合うためである。具体的には私が海上自衛官人生のスタートを切った「はるな」の後継艦をどうするかという問題である。

実は、この数年前に輸送艦「おおすみ」の建造計画があった。輸送艦であったが甲板は全通甲板と言い、いわゆる空母のような艦首から艦尾までつながった甲板をしていた。そこで空母疑惑が浮上したのである。将来的にはスキー・ジャンプのような甲板を取り付けて空母に改造するつもりではないかというのである。驚くべきことにこれを言ってきたのは、ソ連でもなければ中国でもない、米国だった。

今は米国とは同盟国として盤石な関係を築いているが、一九八〇年代から九〇年代にかけては微妙な時期もあった。代表的なものに一九九〇年三月二十七日付ワシントンポストに載った「瓶のふた」発言がある。在日米海兵隊司令官スタックポール少将は「もし米軍が撤退したら、日本はすでに相当な能力を持つ軍事力を、さらに強化するだろう。だれも日本の再軍備を望んでいない。だからわれわれ（米軍）は（軍国主義化を防ぐ）瓶のふたなのだ」と述べたのである。後にスタックポール少将は発言を撤回したと聞いているが、私が当時受けた印象も、米海軍の中にパールハーバー世代が残っていた時期は日本に対する警戒感は、確かにあったと思う。政治レベルでもそうだが、ストロング・ジャパン派とウィーク・ジャパン派である。

「おおすみ」の二の舞は避けるべく「はるな」の後継艦については早めに米海軍に根回しした方がよいということになり、海上幕僚長の訪米の機会を利用しようということになった。防衛部長と私は、海上幕僚長と別れ、ペンタゴンの中にある海軍作戦本部に向かった。我々としては、航空機運用の効率性、安全性、利便性の観点から「はるな」の後継艦は全通甲板を考えていた。ちなみに「はるな」は全通甲板ではない。

しかし、米海軍担当者の反応はネガティブであった。理由はこうである。「日本が空母のような艦を建造すると中国を刺激する。その結果、アジア太平洋地域で軍拡競争になり、それは米国にとってハッピーではない」

それを聞いて私は反論した。

「日本は米国の同盟国ではないか。その同盟国が強くなることが米国にとってなぜハッピーではないのか」

以後、紆余曲折を経て「はるな」の後継艦として全通甲板の「ひゅうが」が建造され、今はさらに大型の「いずも」クラスが誕生している。「いずも」については米海軍の全面的な協力によりいわゆる「空母化」が進められている。

しかし、ここに至るまでにはこのような歴史があったのである。

初の「海上警備行動発令！」

防衛調整官のときに一番印象に残っているのは、能登半島沖の不審船事案である。

平成十一年（一九九九年）三月下旬、能登半島沖の領海内で不審な電波を捉えた。その発信源を捜索するために、三月二十二日、舞鶴基地から護衛艦「はるな」「みょうこう」「あぶくま」が緊急出港した。根拠規定は防衛庁設置法第四条の「調査・研究」である。

Ｐ－３Ｃ哨戒機も飛ばして捜索させたところ、翌二十三日に二隻の怪しい漁船を発見した。漁船に見せかけてはいるが、偽装であることがわかった。海上保安庁も巡視船を出し、海上自衛隊と共に不審船の後を追った。不審船は、追跡を振り切るために増速し始めた。

何とかして、不審船を止めなければならない。海上保安庁の巡視船は、川崎二郎運輸大臣の許可を得て、多数の威嚇射撃を行って停船させようとした。

しかし、不審船はさらに増速。海上保安庁の巡視船では追いつけなくなり、海上自衛隊の「はるな」「みょうこう」だけが何とかついていった。

その日の深夜二十三時過ぎ、不審船は突然停船した。

停船した以上、立ち入り検査をしなければならない。海上保安庁は近くにいないから、海上自衛隊がやらなければならない。そのためには「海上警備行動」の発令が必要だった。翌二十四日の午前零時四十五分、持ち回り閣議が開かれ、自衛隊法に基づく初めての海上警備行動が承認された。小渕恵三内閣のときであり、官房長官が野中広務氏、防衛庁長官は野呂田芳成氏だった。

私は、海上自衛隊に入った時に海上警備行動というものがあることは知っていたし、図上演習や訓練をやったこともあるが、実際に発令されるとは夢にも思っていなかった。たとえ海上警備行動が発令されても自衛隊の武器の使用は警察官職務執行法七条が準用されるだけだ。要は、正当防衛、緊急避難以外は基本的に相手に危害を与えてはならないのだ。

海上警備行動の発令を受けた「みょうこう」の航海長だった伊藤祐靖一尉（大尉）が後に手記『国のために死ねるか――自衛隊「特殊部隊」創設者の思想と行動』を書いている。それによれば、立ち入り検査隊は停船した船に立ち入り検査をするために防弾チョッキもない中、少年マンガ雑誌を胴体に巻いて出動しようとしていたという。銃撃に対しては役に立ちそうもないが、当時はそれしか手段がなかったのである。

護衛艦には防火部署、防水部署など、いくつもの部署がある。何かあったときの配置が決めてある。立入検査隊という部署もあり、配置が決められている。

配置が決まっている以上、その通りにやるしかない。内火艇（エンジン付き小型ボート）には手旗信号要員を乗せることになっている。通信ができないときに、手旗信号で交信するためだ。

手旗信号要員は、伊藤航海長の部下の若い乗員だった。伊藤航海長の手記によれば、その若い乗員は、これから北朝鮮との銃撃戦が始まるかもしれない状況の中で、「航海長、私の任務は手旗です。こんな暗夜の中、あんなに離れた距離で手旗を読めるわけがありません。（私が）行く意味はあるのでしょうか？」と聞いたという。手旗要員が必要となるような状況ではないから、一応聞いてみたのであろう。

伊藤航海長が部署で決まっていることを伝えると、手旗要員は「それはそうですよね。判りました」と言って立ち入り検査に向かう内火艇に乗艇していったという。私はこの若い乗員の短く、単純な言葉こそ「自衛官の良心」を表していると思う。人の覚悟とは本当は大上段に振りかざすものではなく、静かなものだと思った。

しかし、内火艇が出発しようとしたところ、不審船が再び動き出したため、立入検査隊は間一髪のところで乗り込まずにすんだ。

再び追跡が始まった。指揮を執ったのは舞鶴の第三護衛隊群司令だった。海上警備行動発令で武器の使用は認められたが、こちらが攻撃されない限り、相手を傷つけてはいけないという規定があった。そこで護衛艦から警告射撃を行い、Ｐ－３Ｃ哨戒機が不審船の前方に対潜爆弾を落とす警告爆撃を行った。対潜爆弾は、高い水柱が上がる爆弾であるため威嚇して停船させようと試みた。

しかし、不審船は自衛隊が実際には攻撃してこないことを百も承知だろうから、速度を落とさない。次に不審船の前に網を流す作戦をとった。網にスクリューが絡まれば、動けなくなる。だが、不審船は網を見事にかわして逃げていった。

結局、二隻とも取り逃がす結果に終わり、二十五日に初の海上警備行動を終結した。結局様々な制約があるとはいえ、任務は達成できなかった。「工作船取り逃がし事件」とも言われるゆえんである。

この事案を契機に、護衛艦の立入検査用装備が強化され、不審船対応のための武器も整備された。また、不審船に対して強行突入する組織として特別警備隊が創設された。武器使用に関する海上保安庁法の改正も行われた。これらは不審船事案の副産物である。

二年九カ月後の平成十三年（二〇〇一年）十二月に東シナ海の奄美大島沖で不審船事案

が再び発生し、海上保安庁の巡視船との銃撃戦の後、不審船は爆発、沈没した。

　ここで特殊部隊である特別警備隊を創設する際のエピソードを紹介したい。特別警備隊は自衛隊としても初の特殊部隊であることから当初当然のことながら米国に支援と指導をお願いした。しかし、米国からは色よい返事がなく英国に依頼することになった。その後は米国が積極的に支援・指導をしてくれたが、このことは、当時はまだ自衛隊が新たな機能を持つことに米国内で慎重な意見があったことを示している。

　副産物はもう一つあった。

　それは、海上自衛隊と海上保安庁との交流が深まったことである。それまではそれほど関係が深いということはなかったが、不審船事案というオペレーション上の要求が後押しをしたことは否めない。今では、アデン湾ソマリア沖での海賊対処活動、尖閣諸島を巡る日々の警戒監視等、海上自衛隊のみならず自衛隊と海上保安庁の関係は緊密さを増している。

　制服の海上保安官から初の海上保安庁長官に就任した佐藤雄二氏は退官後の著書『波濤《はとう》を越えて』の中で次のように述べている。「最後に、海保と海自の関係は軋轢ばかりで、連携が上手くいっていないのではと懸念する声もあるだろう。はっきり申し上げて、実際はそうではなく、大変上手くいっている」としてその具体例を上げている。

私は、将来的には海洋国家日本のためには米海軍と米沿岸警備隊のように、海上自衛隊と海上保安庁がマリタイム・フォースとして一体的に活動できる日を願っている。

護衛隊司令として舞鶴へ

防衛調整官を一年ほどやった後、平成十一年（一九九九年）十二月に、第三護衛隊司令として舞鶴に着任した。舞鶴勤務は初めてであったが、海軍機関学校の生徒時代に父が過ごした街であり、私が生まれる前に父が海上保安庁第八管区に勤務していたこともあり、一家で過ごした街でもあった。『坂の上の雲』にも出てくるが、日露関係が風雲急を告げる中、定年前のポストである舞鶴鎮守府司令長官であった東郷平八郎のもとへ山本権兵衛海軍大臣が連合艦隊司令長官に就任するよう要請した舞台ともなった場所である。明治天皇が「なぜ東郷なのか？」とご下問されると山本海軍大臣は「東郷は運のいい男であります」と答えた話は有名だ。

舞鶴は「弁当忘れても、傘忘れるな」との格言があるくらい天候は不順なところだが、私はこの日本海の雰囲気が漂う舞鶴が好きだ。今でも舞鶴の方々との交流は続いている。

少しわかりにくいかもしれないが、当時は「護衛隊」は二から三隻の護衛艦で編成され、三つの護衛隊で八隻の護衛隊群を編成していた。私は第三護衛隊司令として「はまゆき」「みねゆき」という二隻の護衛艦を指揮し、舞鶴に司令部を置く第三護衛隊群司令の指揮下にあった。

不審船事案を機に海上保安庁との接点ができたため、私は、舞鶴海上保安部と一緒に共同訓練をし、よく酒も飲んで交流した。

仕事が波に乗ってきて半年たったころ、転勤の内示を受けた。次は海幕の防衛課長である。半年での移動は極めて異例である。

そして、平成十二年（二〇〇〇年）六月二十八日、転勤前の最後の訓練として若狭湾で対潜訓練を実施している時、美保基地所属の航空自衛隊C－1輸送機が、隠岐諸島沖で墜落する事故が起こった。女性パイロットも乗っていた。

この報をうけて、救助活動に急行すべく急遽、潜水艦と連絡を取って、訓練中止を告げ、現場海域に全速力で向かった。

事故があったのは二十八日だが、私は三十日には離任しなければならなかった。私が捜索活動を指揮している間には遭難者を見つけることが出来ず、無念だが後任者に引き継ぐことになった。

ここで指揮官交代に当たって前代未聞の珍事が起こった。上級司令部からは指揮官交代は舞鶴で実施せよという指示が来ていた。これは洋上での交代は何かと不便だろうとの上級司令部の配慮だと解釈した。捜索に当たっていた「はまゆき」「みねゆき」の内、「みねゆき」が所要で舞鶴に帰らなければならないので、私は「はまゆき」から「みねゆき」に移って舞鶴に帰投することになった。その間の捜索活動の指揮は「はまゆき」艦長に委ねることになった。当然、「はまゆき」の乗組員とはここで別れることになるので、これまでの尽力に感謝し、海軍伝統の別れの儀式である「帽振れ」で別れを告げ、「頑張ってくださーい」と見送られた。

「みねゆき」に移乗し、半年間の勤務を振り返り感慨に浸りつつ舞鶴に向かっているところへ、再び上級司令部から思いもかけない命令が来た。「捜索活動中なので舞鶴ではなく、洋上で交代しろ」というのだ。「捜索活動中なのは初めから分かっている話ではないか」と思ったが、恥を忍んで再び「はまゆき」に舞い戻った。「ごめん、もう一晩泊めてくれない？」という何とも締まらない話になってしまった。舞鶴に向かっていた後任者も方向転換し、最寄りの空自美保基地に向かい、そこからヘリコプターで「はまゆき」に移乗した。

そして翌朝、洋上で指揮官交代行事を行った。

何故この話を紹介したかというと「人」と「配置」という問題を提起したかったからである。私は、上級司令部の幕僚に言った。

「河野個人というレベルでは別にどうでもいい。しかし、第三護衛隊司令という責任ある指揮官配置に対する対応としてはいかがなものか。指揮官配置は重く、決して軽く扱ってはならない」

民間でも通じる話と思うが、部下は上司の責任ある配置に敬意を払い命令・指示に従うわけである。それを自分個人が敬意を払われていると勘違いする人が時々いる。そこをはき違えると謙虚さが失われ、組織が誤った方向に向かうのである。もちろん配置を通じてその人個人に敬意と尊敬が集まるのが理想ではある。

第五章

9・11同時多発テロ――ショウ・ザ・フラッグ

上　「はるな」などを率いてインド洋に派遣された部隊（第三護衛隊群）の指揮官の時はヒゲを生やしていた（派遣期間・2003年７月15日－11月19日）。

下　家族らに見送られてインド洋に向かう護衛艦「はるな」（2002年２月12日・共同通信社）。

萩崎事件から危機管理の基本を学んだ

平成十二年（二〇〇〇年）六月三十日からは、海幕防衛課長として再び防衛課に戻った。四回目の防衛課勤務である。この年の五月八日に防衛庁本庁は六本木から市ヶ谷に移転していた。したがって、海幕も市ヶ谷に移転していた。防衛課長としての初出勤の日に、ウケを狙って「間違って六本木に行ってしまった」と軽口をたたいたところ、「河野は方向音痴だ」ということになってしまった。確かに方向音痴なのだが、そこまで音痴ではない。冗談も考えて言わなければならないと思った。

防衛課長に就任して二カ月ほど経った九月七日、東京都港区浜松町の雑居ビルのバーで、海上自衛隊の萩崎繁博三佐が警視庁に逮捕される事件が起こった。逮捕理由は、自衛隊法違反・秘密漏洩容疑であった。

萩崎三佐は、ロシアの在日駐在武官ボガチョンコフ海軍大佐に海上自衛隊の資料を渡し、金銭的な見返りを得ていたという。大佐はＧＲＵ（ロシア軍参謀本部情報管理本部）に所属する諜報員で、この事件は、萩崎事件と呼ばれている。大佐も、荻崎三佐が逮捕されたバーにいたが外交官特権のために任意同行に応じることなく、二日後にはあわただしく出国していった。

この事件が発覚した最中、定期的に行われている日露捜索救難訓練が実施され、第三護衛隊群が初めてカムチャッカ半島の軍都ペトロパブロフスクに寄港していた。私は、ロシア側の報復の可能性があると思い、指揮官に注意を促すため至急電話を入れた。ところが、部隊は現地で大歓迎を受けており、指揮官もウォッカのためかシドロモドロだった。これ以上説明しても無理と思い電話を切ったが、幸いペトロパブロフスクでは何事もなかった。

また、この時には私の上司である防衛部長が韓国出張中、搭乗していた韓国軍のヘリコプターが山中に墜落し九死に一生を得るという驚くべき事故も起きている。帰国後、念のため入院していた防衛部長に電話で本件を報告したが、体が痛いとかで不機嫌だったので、こちらも電話を切った。

萩崎三佐が渡した資料は部内資料ではあったが、重大性から言えばそれほどのものではなかった。しかし、彼は逮捕当時、防衛庁防衛研究所に所属していたが、それ以前は情報関連の配置についており、様々な情報にアクセスできる立場にあった。そして、かなり秘密度の高い情報資料等を自己のコンピューターに取り込んでいたのだ。ただ、何らかの意図をもって手元に置いていたというわけでもなく、資料をため込んでおくことによって安心するタイプだった。

警視庁は、当然ボガチョンコフ大佐に渡した資料だけでなく、萩崎三佐が所持していた資料もすべて押収した。捜査にはもちろん全面的に協力するが、しかし、その資料の中には日米防衛関係に関わる機微なものも含まれていたため、こちらも「はい、どうぞ」というわけにはいかなかった。

私は、警視庁公安部外事課や東京地検公安部に事情を説明し、警視庁が押収した証拠物件の解析は海幕でやらせてもらった。

当然のことながら、米国とも本件の処理について調整した。詳細については省くが、その過程において私が痛感したことを述べたい。我々は、どうしても実際に萩崎三佐がボガチョンコフ大佐に渡した資料を起点として、あとどこまでの資料が抜けたかというアプローチになりがちだと思う。つまりダメージ・ゼロパーセントからスタートしてダメージがどこまで及んだかを追いかける。ところが、米国は違った。米国側は、ボガチョンコフ大佐に渡った資料はもとより、萩崎三佐の所持していた資料は百パーセントロシアに抜けた、からスタートである。そして、解析を進めて行くうちに抜けていなかった資料を特定していくというアプローチだ。すなわち、ダメージ百パーセントからスタートして本当のダメージを追いかけるアプローチである。

行きつく先は同じになるかも知れないが、この米国のアプローチこそ危機管理の基本だと思った。新型コロナ対策でも言えることだが、先ずは大きく網を被せて、評価、解析をしつつ緩和していくというアプローチだ。

なお、萩崎三佐は懲戒免職となり、その後介護関係の仕事についたと聞いているが、その後の詳細は承知していない。また、聞けば家庭的にも不幸なことがあり同情すべき点もあった。罪は罪としてがんばっていてほしいと思う。

マスコミの機先を制した覚醒剤事案

防衛課長のときには、自衛官の覚醒剤事案にも対処せざるを得なかった。覚醒剤事案が自衛隊で発覚したのは初めてのことだった。

最初は下関基地隊で発覚し、複数の自衛官が覚醒剤を使用していたようで、その情報をマスコミがかぎつけ、特別の追及チームを作るという話まで聞こえてきた。

しかし、我々は状況をまったく把握できていなかった。我々が知らない間にマスコミが海上自衛隊の覚醒剤事案を大々的に取り上げ、隠蔽しようとしていたなどと報道されては目も当てられない。組織としてのダメージは甚大である。いずれにしても早急な対処が必要だった。先ずはマスコミよりも早く全貌を把握することである。

なぜ、防衛構想、防衛計画等を担当する防衛課がこの問題を処理することになったか？正直よく分からないが、成り行きだったと思う。この事案の処理を誤れば海上自衛隊は社会から厳しく処断され、組織の存立を揺るがしかねないとの危機感から防衛課が担当することになったと思う。

私は、防衛課のすべての業務をストップさせて、使える人間はすべて防衛課に集め、全国から関係者を呼び寄せて、徹底的に調べ上げた。

すると、ある通信隊でも覚醒剤を使用している女性自衛官がいるという情報が入ってきた。

こんな話があった。ある通信隊の女性自衛官が当直中に倒れた。本人は「風邪です。大丈夫です」と言っていた。しかし、休んでいるあいだに、ヤクザ風のコワイお兄さんがやってきて彼女を出せと言った。彼女のロッカーを開けてみると、ケースの中から注射器と白い粉が見つかった。本人は「風邪薬です」と言い張ったという。

この情報をつかんで、通信隊の責任者に厳しく問いただした。

「今から連想ゲームをします。女性自衛官が勤務中に失神しました。休みの日にコワいお兄さんが尋ねてきて彼女を出せと言いました。彼女のロッカーを空けたら中から注射器と白い粉が出てきました。さて、この白い粉は何でしょう?」

通信隊責任者は、「うーん、風邪薬と思います」と答えた。

「ふざけるな~!」である。

確か、一~二日で事実関係を全部解明して、海上幕僚長に報告し、緊急に記者会見を開いてもらった。事実関係の詳細は、私が説明した。

我々の説明にマスコミ側も納得し、この問題に対するこれ以上の追及はなく、追及チームも解散したという。覚醒剤事案に対する組織としての監督責任は当然あるが、組織的隠蔽という重大なダメージは回避することができた。これが、順番が逆でマスコミから追及されてから対応していたら、負のスパイラルに陥っていた可能性大である。社会に対する開かれた組織の重要性を学んだ。

直接関わったわけではないが、日米関係を揺るがす大きな事故もあった。

平成十三年(二〇〇一年)二月十日に、宇和島水産高校の練習船「えひめ丸」がハワイ沖で米原子力潜水艦「グリーンビル」と衝突した。この事故で「えひめ丸」に乗っていた教員と高校生あわせて九名が亡くなった。

「えひめ丸」事故では、ゴルフ中に事故の一報を受けた森喜朗総理が、そのままゴルフ場に留まったことが批判された。

海上自衛隊はこの事件では直接の当事者ではなかったが、米海軍との関係もあり、言わば「えひめ丸」側と米海軍側の間に入って奔走した。特に、ハワイの海上自衛隊の連絡官林二佐（中佐）がご遺族のサポートや、米海軍への助言等の仕事をしてくれた。米側は、当初沈んだ「えひめ丸」の引き揚げは困難との立場だったが、遺族の意向を汲んだ連絡官が交渉して、引き揚げ作業にまでもって行った。本当によくやってくれたと思う。

防衛課長のときには、萩崎事件、覚醒剤事案、「えひめ丸」事故と大きな出来事が続いたが、最大の事案と言えば、やはり平成十三年（二〇〇一年）九月十一日朝（現地時間）に起こった9・11米国同時多発テロである。

「あなた、どこにいるの!!」と妻に怒鳴られ

その日の夜、私は仕事を終えて友人と四谷で飲んでいた。すると夜の十時過ぎに、海幕

の防衛課員から電話がかかってきた。「今、CNNが米国の旅客機がニューヨークのツインタワービルに衝突したことを伝えています」。それを聞いて、恥ずかしながら私は事故だと思った。「えらい事故やな」とは思ったが、米国の国内の事故だから、私が職場に取って返す話でもないと思っていた。大ニュースだとは思ったが、そのまま飲み続けた。

すると、妻から電話がかかってきて、「あなた、どこにいるの‼」「テレビ観ていたら、ペンタゴンに飛行機が突っ込んでいるわよ」とすごい剣幕である。「四谷で飲んでいる」とも言えず、「当然、職場でテレビを観ている」などと嘘を言って、さすがに職場へ取って返した。

海上幕僚長も登庁され、すぐに在日米海軍司令官に連絡した。そして彼は「これは、戦争である」と言った。米軍は、臨戦態勢に入るという。

この時点ではアルカイーダのビン・ラディンを首謀者として特定まではしていなかったと思うが、対テロ戦争はすでに始まっていた。

ところが直属の上司である防衛部長は、会議のためにハワイに出張していた。

私はハワイの防衛部長に「早く戻って来て下さい」と電話をした。すると防衛部長は「戻れと言ったって、どうやって戻るんだ?」である。なるほどそうである。米国は9・11当日に、すでに大統領専用機「エアフォースワン」以外の航空機をすべて空港に着陸させ、民間機は一機も飛べないようにしていた。とりあえず全機ストップ。先に述べたが、これが危機管理のアプローチである。

防衛部長一行は仕方がないので、とりあえずヒッカム空軍基地に向かった。すると会議出席のためにたまたまハワイに来ていた在韓米軍司令官を韓国に戻すための軍用機を一機飛ばすという。そこに防衛部長が現れたのだ。そこで防衛部長は米軍担当者に、「同乗させてもらえないか?」と頼んだそうであるが、「遠慮してほしい」と断られた。ところがそのやり取りを聞いていた在韓米軍司令官その人が、担当者に「同盟国日本の防衛部長が緊急事態で日本に戻らなければならないんだ。乗せろ!」と一喝。防衛部長一行は韓国経由で横田基地に戻ることができた。

日の丸を掲げよ!

その当時、あるメールが世界中を駆け巡った。

真偽のほどは定かではないのだが、次のような内容だった。

米海軍の軍艦に乗っていた少尉が、港に戻り軍艦を降りたら「もう海軍を辞めよう」と決心していた。そのとき、9・11事件が起こった。洋上でドイツ海軍の軍艦に遭遇し、その軍艦が近づいてきた。

双眼鏡でのぞくと、ドイツ海軍の乗組員が甲板上に整列していて、「stand by you（我々はあなた方と共にある）」というプラカードを掲げていた。それを見て少尉は涙で双眼鏡が見えなくなった。その後少尉は、両親に宛てて「自分は海軍を辞めない」と手紙を書いたというのである。出来すぎた話ではあるが、米国人の心を揺さぶったのは確かである。

このエピソードは、テロ攻撃により感情が異常に高ぶっている米国人にとって、「あなた方の味方です」と言ってくれることほど有難いものはないことを示している。一方で、当時の米国に敵と認定されたらもうお終いということでもある。

湾岸戦争の時の米国は、弱いものいじめをするイラクに対して、みんなでクウェートを助けましょうというものだった。しかし、今回は米国そのものが攻撃対象になったのである。

この状況の中で、湾岸戦争のときのような国会審議を再現して、いつまでも明確な方針を打ち出せなければ、日米同盟は取り返しの付かないことになると私は思った。

米国は、徹底的に犯人を追いかけ、テロリストを最後の一人まで根絶やしにする覚悟で立ち上がっている。米国は湾岸戦争の時は「何をしてくれますか?」だったが、今回は協力してくれる国があれば「本当にありがたい、サンキュー」だが、協力してくれないのであれば、「そうですか。ではもう結構。その代わり邪魔だけはしないでくれ」という雰囲気だった。

私は、先のドイツ海軍のエピソードを考慮すれば、「ショウ・ザ・フラッグ」、ともかく一刻も早く日の丸を掲げなければならないと考えた。同盟国である日本が米国に対して文字どおり旗幟《きし》を鮮明にする必要があると感じた。

このテロの十年ほど前に末席防衛班員として湾岸戦争を経験したことは前述したとおりだ。湾岸戦争では日本は「ツー・リトル、ツー・レイト（少なすぎる、遅すぎる）」と言われた。

しかし、「ツー・リトル、ツー・レイト」のうち、一番まずいのは、「ツー・レイト」である。タイミングが良ければ、量的にそれ程の貢献でなくても評価される。タイミングが悪ければ百三十億ドル拠出しても評価されないのである。

9・11テロでは、ツインタワービルが破壊され、ペンタゴンも攻撃され、ホワイトハウスまで狙われた。自国が直接攻撃されたのだから、クウェート救出とは、わけが違う。米国内には真珠湾攻撃以来の衝撃だと見る向きも強かった。怒りに燃えていた。

それまでの米国は、テロに対して我慢に我慢を重ねてきた。一九八三年にレバノンの米国大使館が爆破され六十三名が死亡。一九九五年にはオクラホマシティ連邦政府ビルが爆破され百六十八名が死亡。一九九八年にはケニアとタンザニアの米国大使館が爆破され二百二十四名が死亡。さんざん国民を殺されてきたうえに、ニューヨーク、ペンタゴンが攻撃され、ホワイトハウスまで狙われた。

「もはや我慢の限界だ。これまでの総決算をしてやる」という、ただならぬ覚悟が、在日米軍からもひしひしと伝わってきた。

ここで日本が何もしなかったら、日米同盟は崩壊してしまうと本当に感じた。

対米支援リストの策定

このような危機感から私は防衛課長として部下たちに、「現行法で可能なもので、海上自衛隊として何ができるかアイデアをすべて出せ。法律的にズバリでなくても、わずかにかすったものでもいいからすべて検討しろ」と指示した。湾岸戦争時に廃案となった「国連平和協力法案」のように新法を制定するのも選択肢の一つだが、ツー・レイトを回避するため現行法でできそうなことをリストアップすることにしたのである。

我々は法律の専門家ではないから、とにかく実行可能なアイデアをすべて出して、あとは法的な検討は内部部局（主として政策を担当する官僚機構。略して内局）なり、政府の担当部局なりに考えてもらえばいい。ともかく海上自衛隊としてできることをリストアップさせた。今はこのリストは手元にないので、明確には覚えていないが、その後インド洋で実施することになる補給オペレーションはリストの中に入っていた。また、共同訓練の形態をとっての日米共同巡航、周辺事態安全確保法いわゆる周辺事態法を適用しての後方支援もリストの中に入っていた。

私の考えは、対米支援策は最終的には政治が決定することではあるが、選択肢を提示するのは我々の役目であるということだ。例えば、艦と艦同士がホースをつないで洋上で燃料補給ができることは、政治家を含め一般国民はよく知らないのが普通である。何ができるかも分からなければ政治判断のしようがないではないか。しかし、これがマスコミの批判を受けた。あるルートから我々が策定したリストが朝日新聞の編集委員に渡ったのだ。

もうこの方は亡くなられたが、海幕が法律を捻じ曲げて独走しようとしているという論調の記事を書かれた。そんな意図は全くないことは今述べたとおりである。実は、この朝日の編集委員の方とはある勉強会で一緒になったことがある。時節柄、テーマは9・11に対する日本の対応である。勉強会の後、他社の方が、彼が「河野の言ってることは理屈が通っているから、危ない」と言っていたと教えてくれた。つまり私を危険人物に認定したとのことだった。朝日の編集委員の方にとっては、制服自衛官が理屈が通らない、アホなことを言っているうちは安心できるということらしかった。

このリストは当然内局の防衛政策課に持って行き説明したが、その後残念ながら反応はなかった。

私としては、これで自分の仕事は終わり、あとはご勝手にという気分には到底なれなかったので、知人の紹介で様々な方にお会いしリストについて説明した。先般、新型コロナ・ウイルスで亡くなられた岡本行夫さん（当時、内閣官房参与）にもお会いした。岡本さんも湾岸戦争を外務省北米一課長として経験しておられたこともあり、熱心に聞いてくれた。それ以後も親しくお付き合いをさせて頂いた。岡本さんは9・11にまつわる話を防大の卒業式に来賓として出席された際に祝辞の中で一部披露されている。このように有識者に説明して回ったが、これを例の朝日新聞編集委員もかぎつけ、「河野は政治工作をしている」と見られたようだった。しかし私は気にしなかった。

これに関連して、安倍晋三内閣官房副長官（当時）が、二〇〇一年十月三日に早稲田大学で行なった講演の内容が新聞に載った。内容は、「九月下旬の深夜に自衛隊制服幹部が安倍氏の自宅を訪ねて『直訴』した。その幹部は『隊員がけがをしたり亡くなったりした時に、政治家が、すぐ帰ってきなさいというなら初めから出さないでもらいたい』と強く要望した」というものである。安倍官房副長官は、自衛隊派遣が取りざたされていた時期に、制服自衛官から直接率直な意見が聞けてよかったという肯定的な趣旨で述べられたのだが、これが防衛庁内では問題になった。そして、「犯人捜し」が始まった。

今まで述べた経緯から、容疑者筆頭は私ということになった。しかし、誓って私ではない。私であれば、もう時効なのでこの場で白状する。海上幕僚長、統合幕僚長の時は安倍総理に親しくお仕えしたが、この当時、私は安倍官房副長官とはほとんど面識がない。ほとんどと言ったのは、日本の同時通訳の草分けである福永美津子さん、外務省ＯＢの岡崎久彦さんに誘われて安倍氏を囲む勉強会に参加したことはあったが、安倍氏は私のことは記憶にないと思う。新聞の総理動静から安倍氏のご自宅が渋谷の富ヶ谷であることは知っているが、今の今まで行ったこともなければ、見たこともない。また、「直訴」の内容からも私でないことはお分かり頂けると思う。

安倍官房副長官に「直訴」した制服自衛官は、どちらかというと自衛隊派遣を軽々に決めないでほしいというスタンスだと思う。しかし、前にも述べたように私のスタンスは、とにかく今回はツー・レイト、すなわち「出遅れる事態は避けなければいけない」というものであり、明らかに彼らとはスタンスが違っていた。ただ、いずれにしても当時、対米支援策を巡って防衛庁内がピリピリしていたのは確かだった。

9・11テロから一週間ほど経った九月十九日、小泉純一郎総理が記者会見をして、対テロ対処方針を発表した。その中で、総理は「日本政府としても日本国民の協力を得ながら、同盟国である米国を支持し、最大限の支援と協力をしたい」と、米国の側に旗を立てた上で、七つの措置を述べた。

そこには、「情報収集のための自衛隊艦艇の派遣」という項目が入っており、さらに、「米軍等に対し、医療、輸送・補給等の支援活動の目的で、自衛隊を派遣するための所要の措置を講ずる」「自衛隊による人道支援の可能性を含めた避難民支援を考える」という項目が入っていた。

中でも「情報収集のための自衛隊艦艇の派遣」の意味は大きかった。要はとりあえず日の丸を立てるということである。自衛隊艦艇は国際法上、国家主権を表すことになる。これは民間船舶ではできない。私は、今回はツー・レイトは回避できたと思った。しかし、その後自衛隊艦艇の出港はもたつくことになる。

画期的だったインド洋補給オペレーション

政府内では様々な議論が行われたが、憲法上の制約もあり、米軍への補給支援をするということで落ち着いた。「周辺事態安全確保法」は、地理的制約は記載していないが、常識的にあくまで日本周辺海域に適用される法律だということで、新法を制定して自衛隊に補給任務を付与することになった。ちなみに平和安全法制の制定にともない「周辺事態安全確保法」は「重要影響事態安全確保法」に改正され、名実ともに地理的制約はなくなった。

インド洋での補給活動を可能にするテロ対策特別措置法案が十月五日に国会に提出された。比較的迅速な審議が行われ、十月二十九日には成立し、十一月二日に施行された。しかし、まだ基本計画も決まっていなかったため、防衛庁設置法第四条の「所掌事務の遂行に必要な調査及び研究」を根拠として、護衛艦「くらま」「きりさめ」そして補給艦「はまな」を先行派遣することにした。この部隊が、小泉総理が示した七項目の当面の措置の内の自衛隊艦艇による情報収集に相当する。ちなみに現在、ホルムズ海峡周辺海域にもこの「調査・研究」を根拠として護衛艦を派遣している。

そして、基本計画策定後の十一月二十五日には護衛艦「さわぎり」補給艦「とわだ」そして掃海母艦「うらが」がインド洋へ向かった。「さわぎり」と「うらが」は国連難民高等弁務官事務所からの要請を受け、アフガン難民のためのテントや毛布等計約二百トンの救援物資をパキスタンのカラチ港まで輸送した。

インド洋補給オペレーションは一時の中断を挟んで二〇一〇年まで続くことになる。

平成になって自衛隊は「オペレーションの時代」に入ったと述べたが、一九九〇年代はペルシャ湾派遣、ＰＫＯ等いずれも中立のオペレーションである。ところがインド洋の補給オペレーションは中立のオペレーションではない。日本は明らかに米国を中心とした多国籍軍の側に立ち、「不朽の自由作戦」に参加したのである。日本は戦後初めて後方支援とは言え、旗幟を鮮明にしてこの作戦に参加したのである。このことはあまり強調されていないし、多くの国民が意識していないが、日本にとっても自衛隊の歴史にとっても画期的な一歩だったと私は評価している。

英国に油を補給すると米国が怒る？

対テロ戦争では多国籍軍とは言え米英軍が中心となって遂行していた。そこで、英国から「日本が補給オペレーションをするのであれば、我々にも油をもらえないか」と申し入れがあった。そこで英国の要求を受け入れるかどうかの検討が防衛庁内で行われた。

私は受け入れるべきだという考えだった。私の見方はこうだった。冷戦が終結し、湾岸戦争以来地域紛争の発生が懸念される時代になった。日米安保体制は日本防衛にとって不可欠だが、米国はソ連が崩壊したことにより今や日本単独有事の蓋然性は低いと感じている。冷戦後の世界の平和と安定のためには、これからコアリッションの枠組みで対応していく。これに同盟国日本も積極的に入ってきてほしい、というのが米海軍と付き合ううちに私が感じた米国の基本スタンスだ。であれば、コアリッションの重要なメンバーであるイギリスに補給することは米国も歓迎するはずである。

一方、反対する意見もあった。理由はこうである。もともと9・11を受けて対米支援として実施されることになったのが補給オペレーションである。その一部を英国に回すことは、米国への分配が減るので米国が怒るから英国の要求は断るべきだというのである。

そこで妥協策として英国への補給量には上限枠を設けることにした。

インド洋補給オペレーションは足掛け七年間続いたが、補給相手国は徐々に拡大し、最終的には米国、英国をはじめ、フランス、ドイツ、カナダ、イタリア、スペイン、オランダ、ギリシア、ニュージーランド、パキスタンの十一カ国に及んだ。そのうち米国を除く最大顧客となったのはパキスタンだった。しかし、英国には上限枠が依然として残ったままという変な格好になってしまった。

ちなみに英国に油を渡しても米国は怒らなかった。

苛立つ派遣部隊に「犬死にはさせません」

九月十九日に小泉総理が表明された七項目の当面の措置の一つである情報収集のための自衛隊艦艇の派遣は、ツー・レイトを回避し、ショウ・ザ・フラッグをいち早く示す上で大きな意味があったが、一向に前に進まなかった。これは、新法の成立を待たずとも、防衛庁設置法第四条の「調査・研究」で出せるはずであったが、一向にゴーがかからなかった。そうこうしているうちに十月五日にテロ対策特別措置法案が国会に提出され、審議が始まった。派遣部隊は佐世保の第二護衛隊群司令を指揮官に第二護衛隊群を主体として編成する予定だったが、宙ぶらりんの状態になってしまった。

細かい話だが、独身の若い隊員は佐世保で下宿を借りて住んでいる。長期の派遣になるなら、下宿を引き払わないと家賃がもったいない。出港日が決まらないと、いつ下宿を引き上げればいいかも分からない。

派遣部隊はストレスが溜まり、いい加減はっきりしろ！　ということになる。

そこで、海上幕僚長から命ぜられて私が派遣部隊に現状を説明するために、佐世保に向かった。沸騰状態にある第一線部隊に乗り込んだわけだ。

部隊側は、「いったい、どうなっているんだ！」と声を荒げる。「俺たちは、いつ行くことになるんだ！」と、不満や怒りをさんざんぶつけられたが、私とてどうこうできるわけでもない。「え～、政治的に難しい局面でございまして～」などというようなことが部隊に通用するはずもなかった。

中立オペレーションのペルシャ湾への掃海部隊派遣とは訳が違う。今回は、自衛隊始まって以来の旗幟を鮮明にした上での派遣であることは、派遣部隊は百も承知である。テロリストにとっては、派遣部隊は敵である。テロリストたちがどこに待ち受けているかわからない。特に、狭いマラッカ海峡などはテロリストからの攻撃にさらされやすい。

「狙われたとき、どう反撃するんだ！」

「マラッカ海峡は危険じゃないか！」

怒りや不安に満ちた質問が次々と飛んできた。そこで私も意を決した。

「はい、今回の派遣は危険です。ひょっとしたら戦死者が出るかもわかりません。しかし、絶対に犬死にはさせません。その時は日本を変えます」と言った、というか言ってしまった。

一瞬静まりかえった。私も異様な雰囲気に思わず後ずさりしたが、次の瞬間、「よーし、分かった」「我々の派遣の意味がよ～く分かった」と納得してくれたのだ。みんな意気に感じてくれたのだ。映画のシーンのような話だが、本当の話だ。

イージス艦を入れるかどうかで一騒動

その日は、第二護衛隊群の人たちとみんなで佐世保の町に飲みに出た。

インド洋補給オペレーションは敵の存在が前提である。部隊側が万全の態勢で行きたいと考えるのは当然であり、部隊運用を担当する海幕の運用課もその意見だった。ただ、私はイージス艦派遣は政治的におそらくひと悶着起きると直感していた。何回も言うように私は、今回はツー・レイトを避けることを優先していたので、イージス艦は第二陣、第三陣で投入してもよいのではないかと考えていた。しかし、防衛庁・自衛隊としては部隊の意向を尊重しイージス艦を派遣部隊に入れることで各部との調整を開始した。

案の定、イージス艦派遣への異論が巻き起こった。異論を唱える方々はイージス艦が攻撃性の高い護衛艦であり、そこに不安を抱いているのであった。

ある政治家が「イージス艦は、オートモードというものがあって、ミサイルが勝手に飛んでいくらしいではないか」と言われたので、「オートモードであっても艦長の許可なしでは絶対にミサイルは発射されません」と答えると、「もし、艦長が気が狂ったら、どうするんだ」と反論されたので、「艦長が、気が狂うという前提であれば、自衛隊は派遣すべきではありません」と答えておいた。

紆余曲折を経て、結局イージス艦は派遣部隊に入れることで話が進んでいたが、その決定直前、海上幕僚長から急遽呼ばれて、内局の防衛局長からイージス艦派遣について自民党から異論が出ているので制服からも説明してくれとのことなので、今から行ってくれと指示された。おそらく技術的なことの説明を求められたのだろう。準備していると、「もう、行かなくてもいい」と言われた。自民党の判断でイージス艦は外されることになったとのことだった。

イージス艦は、二〇〇二年十二月の第四陣から派遣されている。

イージス艦に関連して、またもや朝日新聞に「海幕独走」の記事が踊った。書かれたのは対米支援リストを抜いた同じ編集委員である。記事の概要は、私の上司である海幕の防衛部長が横須賀の在日米海軍司令官と会談し、米側からイージス艦派遣を日本側に要請してほしいと防衛部長が依頼したという内容である。私はその会談に同席していないので内容は承知していないが、イージス艦派遣を巡る経緯で述べたように、少なくとも米側が言ったから、はいイージス艦派遣、などということはあり得ない。また、米側が日本にイージス艦の派遣要請をするはずもなかった。

空母「キティホーク」「護衛」作戦

私にとって、9・11関連の出来事のメーン・イベントと言えば、何と言っても空母「キティホーク」の「護衛」作戦だ。ただ、あくまでカギかっこ付の護衛だ。そのことは後程説明する。

9・11以来私は、部下の防衛調整官を横須賀の在日米海軍司令部に連絡員として派遣して、米海軍の動きを逐一報告させていた。

すると、防衛調整官から突然電話がかかってきた。

「課長、ぶっ飛びました。大変です！　空母『キティホーク』を出来るだけすみやかに、横須賀から出港させるので、ついては、海上自衛隊が護衛してくれと言ってま～す！」

その報告を聞いて私は「何で？」と疑問に思った。横須賀港内に停泊している方が安全ではないか。なぜ、緊急出港するのか、その意味がよく分からなかった。

ところがよくよく米海軍の話を聞いてみて、米海軍の張りつめた雰囲気が伝わってきた。米海軍の懸念はこうである。「横須賀港が安全？　バカも休み休み言え！　上を見てみろ！　民間機がわんさか飛んでいるではないか！　あの民間機がいつ突っ込んでくるか分からないではないか！　我々は横須賀港では枕を高くして寝られない」ということである。

確かに、米国のパワーの象徴である空母が破壊されたら、米国にとってのダメージはある意味ツインタワービルの比ではない。事実、横須賀の上空は羽田空港に離着陸するための民間機がひっきりなしに飛んでいる。私は、正直そんなことは九九・九九九パーセントないと思っていたが、それを米国に言える雰囲気ではなかった。当時の米国は何も信じられない、ある種のパニックに陥っていた。

当初、米海軍は「浦賀水道を全速力で航行させてくれ」と言ってきた。浦賀水道は海上交通が錯綜する世界でも有数の海域である。法律で、浦賀水道を航行する船舶は十二ノットと決められている。当然そのような超法規的措置は認められない。ならば、浦賀水道を出て三浦半島を過ぎるまで護衛してくれということになる。

通常、航空母艦すなわち空母は、空母を中心にイージス艦、場合によっては潜水艦によって取り囲み、空母打撃群を編成する。空母はパワープロジェクションと呼ばれるように戦闘力には優れているが防御力は比較的脆弱である。したがって、護衛グループが空母の周りを固めるわけである。空母攻撃力の源泉である艦載航空機は、空母が広い洋上に出た時に着艦し搭載されることになる。したがって、港に空母が停泊中の艦載航空機は、当時は厚木基地、今は岩国基地にいて日夜訓練に勤しむ。地元との関係で問題となるNLPすなわち夜間離発着訓練は空母が港に停泊している間に行われるわけである。

したがって、浦賀水道を航行する空母は無防備といっても過言ではない。浦賀水道は日本の領海内ということもあり海上自衛隊に護衛を依頼してきたわけである。

私事になるが、「課長、ぶっ飛びました……」と報告してくれた防衛調整官の山本敏弘君は私の一期後輩の湘南ボーイで、退官後靖國神社参拝中に急死された。私にとっては部下というよりも一緒によく仕事をし、よく遊びまわった友人だった。9・11の際も本当によくやってくれたと今でも感謝している。

官邸に話が通っていなかった

さて、どうするかである。

私を含め制服である海幕側は「『護衛』の要請を受けるべきだ」という意見だった。このような時期に、国内でしか通用しない理屈を並び立てて、要請を断ることは日米同盟に相当なダメージを与えることは火を見るより明らかである。内局に相談したが、「どの法的根拠でやるのか?」と疑問を呈された。当然である。確かに当時の日本には米艦を護衛する法的根拠はなかった。法的整合性を重視する官僚機構である内局の立場もよく理解できた。一方で、我々も内局も要請を受けなければ、日米同盟が危機に瀕するという認識は共有していた。そこで「御前会議」ということになった。

中谷元《げん》防衛庁長官を筆頭に、内局は、事務次官、官房長、防衛局長、防衛政策課長ら、海幕からは、海上幕僚長、防衛部長、運用課長、防衛課長の私が出席していたと思う。話し合いの結果、「護衛」をやる必要性については意見の一致をみたが、問題は法的根拠であった。議論の末、例の防衛庁設置法第四条「所掌事務の遂行に必要な調査および研究」を根拠とすることになった。なったというよりそれしかなかった。したがって、武器については、自分達を守るための正当防衛、緊急避難以外使えない。ということは他人様である米空母が攻撃されても武器は使用できないということである。要は、民間機が米空母に突っ込んできても激突するまで海上自衛隊の護衛艦は何もできないのだ。先に鍵かっこ付の護衛といった意味はここにある。

実は、尖閣周辺海域を含む日本周辺海域の日々の警戒監視、情報収集もこの規定を根拠として実施している。

結論は出た。官邸には内局が報告することになり、海幕側は実施部隊である自衛艦隊司令部との調整を開始した。

当然のことながら自衛艦隊の懸念は万一の場合どうするかである。私は、九九・九九九パーセント民間機が空母に突っ込んでくることはないと思っていたが、実施部隊としてはそうはいかない。そこには私は深く関与していないので、滅多なことは言えないが、海上幕僚長、防衛部長、自衛艦隊司令官との間で相当のやり取りがあったようだ。いずれにしても実施部隊に対して法律を超える武器使用について明文の指示は出さなかったはずである。

米国は、護衛してくれる海上自衛隊の護衛艦が空母を守るために、実は武器は使えないということは知らなかったと思う。言ったところで「オー・マイ・ゴッド」と信用してくれなかったと思う。その意味で我々の作戦は「護衛に見せかける」作戦だった。いわば薄氷を踏む思いのオペレーションだったわけである。

九月二十一日早朝、空母「キティホーク」は警備の海上保安庁の巡視船とともに横須賀基地を離れた。前後に護衛艦「しらね」と「あまぎり」が付いた。朝のニュース番組で出港の様子が中継され、「無事に終わってくれ」と願いつつ観ていた。

空母「キティホーク」は二隻の護衛艦を伴いながら、浦賀水道をゆっくり航行し、浦賀水道を抜け、三浦半島を過ぎると、「キティホーク」は護衛艦に謝意を示した後、全速力で洋上に消えていった。海上自衛隊のミッションは、無事、完了した。

ところがここで思いもかけないことが起こった。

テレビで空母「キティホーク」の出港を観ていたという福田康夫官房長官が、当日の午前の定例記者会見で「私は聞いていない」とコメントしたのである。官房長官が聞いていないのであれば、総理も当然知らないことになる。

「えー！　ウソ～、官邸に報告したのではなかったのか？」

あまりのことに驚いて、しばらく口がきけなかった。中谷防衛庁長官は「二日前に防衛政策課長から官房長官秘書官（総理秘書官との説もある）に報告していた」と反論された。しかし、総理、官房長官は聞いていなかった。我々としては、これ以上のことは何も分からない。ただ、今であれば、このような案件は、おそらく統合幕僚長が総理、官房長官に直接報告していただろうと思う。

一体どうなっているのか。そうこうしているうちに海上自衛隊を取り巻く状況は加速度的に悪化していった。自民党幹部は「海上自衛隊は何を勝手なことをやっているんだ」と激怒。帝国海軍出身で自衛隊に理解を寄せていた中曽根元総理も「やり過ぎだ」と一言。

ついにマスコミは「海幕暴走」キャンペーンを開始した。海幕がシビリアンコントロールを逸脱し、暴走したという流れができてしまった。もう誰も助けてくれない。もうこうなったら何を言っても無駄であることは経験上よく分かっていた。海上幕僚長には「本当に申し訳ございません」と頭を垂れるしかなかった。私もそうだが、トップである海上幕僚長の責任は免れない。首を洗ってお沙汰を待つだけだった。

誰もが懲戒処分を覚悟したが奇跡が起こった？

ところが我々にとって、運命の歯車が回っていた時、その歯車が突如として止まったのである。

空母「キティーホーク」の「護衛」作戦が外務省ルートか、在日米海軍ルートかよく分からないが、事前に海外メディアに伝わったようなのだ。もちろん我々は関与していないし、知るよしもない。

結論としては、米国内でCNNを中心に、東京湾を米空母を守るような形で海上自衛隊の護衛艦が随伴して航行している映像が何度も放送され、パニックに陥っている米国民の心を揺さぶったのである。まさに「これぞ真の同盟国」「雨天の友こそ真の友」であるとの声が広がり、ホワイトハウス、国務省、在日米大使館等から感謝のメッセージが官邸等に多数寄せられる事態になったようなのだ。

真相はよく分からないが、海上幕僚長以下我々の懲戒処分の話は立ち消えとなった。

今では、平成二十七年（二〇一五年）に成立した平和安全法制によって、平時から米軍のリクエストにより、かつ日本の安全保障に資する場合、米艦・米機を防護できるようになった。

退官後、平和安全法制に米艦、米機防護が入ったのは空母「キティホーク」「護衛」作戦の教訓があったからではないのか？　との質問をあるマスコミから受けた。私は、そうではないと答えた。平和安全法制制定時の大臣も中谷元氏であり、私が統合幕僚長だったが、事実、「キティホーク」の話は出てこなかった。あくまでも双務性を高めるという観点からの議論だったと思う。

空母「キティホーク」「護衛」作戦は、私は「市民権」を得ていない作戦と位置付けている。同作戦が日米同盟に大きく貢献したことは事実だし、実施したことは正しかったと今でも思っている。しかし、総理が了解していなかった作戦であることの事実は消すことはできない。そうである以上、オーサライズされた作戦ではないため、平和安全法制策定の根拠とはなり得ないというのが私の見解だ。

防衛課長を務めていた二〇〇二年は海上自衛隊創設五十周年に当たっていた。海上自衛隊が創設されたのは一九五四年だが、一九五二年にその前身である海上警備隊が創設されており、そこから起算している。したがって、その年はいろんな大きなイベントを計画していた。西太平洋海軍シンポジウム、国際観艦式、記念式典等である。その一環として、海上自衛隊公式行進曲を作るという話があった。私は、これに対して「ちょっと待って下さい。それでは、軍艦マーチはどうなるんですか？」と詰め寄った。そうすると「軍艦マーチは帝国海軍の曲で海上自衛隊のものではない。陸上自衛隊も航空自衛隊も記念日に合わせて公式行進曲を作っている」という。それに対し私は「陸空と違って我々は帝国海軍の伝統を受け継いできたのではなかったのですか？」とさらに詰め寄った。私としては看過できなかった。しかし、もう既に日本を代表する著名な作曲家に依頼しているという。私もその作曲家が作られたらすばらしい曲になると思う。しかし、それとこれとは別の話だ。

諦めていると、ご不幸なことにその著名な作曲家が急死されたのである。担当者がご自宅に楽譜が完成していないか確認に行ったところ楽譜はなかったそうである。その後この話はさたやみとなった。

戦後しばらくの間、パチンコ店のテーマソングになっていた「軍艦マーチ」だが、世界の名曲であり継承すべき伝統として、海上自衛隊の後輩たちには、是非守ってほしいと願っている。

ともあれ、防衛課長として縦横無尽にやらせてもらった二年半だった。

実戦を前提とした「自由と責任」

防衛課長として、ノルウェー、ロシア方面に出張しているときに、外地で将補に昇任させてもらった。防衛課長は一佐の配置だったが、将補に昇任してからも半年ほど防衛課長をやっていた。これは転出のタイミングの問題だ。

平成十四年（二〇〇二年）十二月二日に、私は、舞鶴の第三護衛隊群司令に転出した。

船乗りの海上自衛官にとって、艦長になることと、第一線部隊の指揮官である護衛隊群司令になることは一つの大きな目標である。前回の舞鶴では、護衛隊の司令であったが、今回は三つの護衛隊からなる護衛隊群の群司令となった。二度目の舞鶴勤務となる。

第三護衛隊群は、平成十五年（二〇〇三年）七月から十一月までインド洋の補給オペレーションに派遣されることになっていた。先に述べた通りインド洋の補給オペレーションの計画には深く関わっていたこともあり、さらに旗艦「はるな」は私が海上自衛官人生のスタートを切った護衛艦だった。何か因縁めいたものを感じた。

インド洋派遣部隊は私を指揮官に護衛艦「はるな」「あさぎり」補給艦「とわだ」で編成された。後方支援とはいえ、旗幟を鮮明にして、敵がいることを前提で乗り込んでいくわけである。したがって、隊員には訓練気分を抜けさせ、実戦としての心構えを植え付けることに心掛けた。

そのため、実戦は徹底的に真剣に取り組ませるが、寄港地に入ったら、休暇・休養を徹底的に与えることにした。インド洋派遣部隊としては初めての試みだったが寄港地での外泊も許可した。服務事故防止、指揮官に傷がつかないという観点からは極力外出を制限する方が無難だが、それは平時の発想だと思った。つまり私の指導方針は、徹底的に自由を与えるけれども、責任は持たせるというものだ。

二十五年間ほど海上自衛官生活を送ってきて、海上自衛隊は隊員に少し過保護だと感じていた。これには色々と意見が分かれると思うが。

例えば、寄港地に入るときには、必ず担当者が「寄港地講話」というものをするのが帝国海軍からの伝統である。舞鶴や横須賀というようないつも入港するようなところではやらないが、いつもは入港しないところでは寄港地講話を実施する。その中で名所、旧跡、名物等について紹介するが、その中でここは危険なので、立ち入ってはいけない場所についても説明がある。その必要性については否定しないし、参考にすべきだと思うが、本来は、大人なのだから危険な場所くらいは、自分で調べて、かぎ分ける能力を身につけるべきだと思う。

外泊はさせるが、次の出港時刻までには必ず戻って来いと厳命した。帝国海軍では出港時刻に遅れることを「後発航期」と言い、大罪であった。これから実戦に出て行く軍艦の出港に間に合わないというのは敵前逃亡と同じとみなされるからだ。

私は、「みんなを信じて、泊まりは許す。その代わり、艦に戻って来なかったら、地の果てまでも追いかけて探し出す」と告げた。

隊員たちを信じ、個人の行動については、どこに行こうが一切関知しなかったが、約四カ月のオペレーションで出港時刻に遅れた者は一人もなく、トラブルも一切なかった。

海上自衛隊の中には、外泊を許したことに対し、「たるんでいる」と批判する人たちもいたようだが、センスの違いだと思った。

二〇〇三年（平成十五年）七月十五日に舞鶴を出港した。

沖縄近海で国内最後の洋上補給を受けることになっていた。しかし、あいにく荒天だった。洋上補給は、補給を受ける艦が補給艦に近づき洋上でホースをつないで油等のやり取りをする危険な作業だ。私としては、国内最後の補給の貴重な機会であり、実施したかったが、実施できるかどうかギリギリの状況だった。艦長に聞くと「実施できる」という所見だったので、ゴー・サインを出した。しかし、いざ両艦が近接してみると、やはりギリギリの状況だった。プロローグでも述べたが、「止める」という決断を下すのはトップしかできないし、トップの重要な責務ということだ。ある意味ゴー・サインを出す方が楽である。両艦の間でまさにホースを繋ごうとしていたが、私は中止を命じた。

さらにもう一つ問題が発生した。SARSである。インド洋派遣部隊は日本を出港すると通常シンガポールに立ち寄って乗組員の休養と補給を行う。ところが当時、日本は大丈夫だったが、シンガポールでは感染者が発生していた。私の記憶ではシンガポール寄港が相当な感染リスクを伴うというレベルではなかったと思う。しかし、私の判断は実戦に向かうわけであり、もし万が一感染者がでれば、艦は今で言うところの「三密」の典型であり、作戦続行は不可能になる。このリスクは看過できないというものだった。シンガポール寄港を取りやめ、現地に直行した。この判断は今でも正しいと思っているが、シンガポール海峡を通過する際、シンガポールのきれいな夜景を眺めながら、恨めしそうにしていた隊員の顔は今でも忘れられない。

約四カ月のオペレーションを終えて十一月十九日に帰国した。

インド洋派遣部隊の編成を解く際に隊員に要旨次のように訓示した。

「吉田茂総理は、防大一期生に『自衛隊がちやほやされる時代は日本にとってはいい時代ではない。自衛隊が日陰者であるときのほうが国民や日本は幸せなのだ。どうか耐えてもらいたい』と言われたそうである。これは、常に謙虚であるべきことを諭されたのだと思う。ただ、公のために尽くした者を日陰者扱いする社会は健全ではない。公のために任務を達成したみんなは自信をもって前進してもらいたい」

それから数年立って、出張で来た舞鶴で飲んでいると、当時の隊員の一人と遭遇した。申し訳なかったが私は覚えていなかったが、向こうは当然知っていた。そして、思い出のインド洋派遣について彼が言った言葉が、「あのときは、おもしろかったですね」だった。普通「あのときは」に続くのは、「炎天下で暑くて、きつかったですね」というのが相場である。一瞬喜んでいいものかどうか分からなかったが、だんだん嬉しくなってきた。

論語にもある。

「知之者、不如好之者。好之者、不如楽之者」

知る者は、好んでやる者には及ばない。好んでやる者は、楽しんでやる者には及ばない。

陸上自衛隊のブーツ・オン・ザ・グラウンド

私がインド洋で補給オペレーションをしていたころ、国会ではイラク復興支援が議論されていた。

平成十五年（二〇〇三年）七月二十六日にイラク復興支援特別措置法が成立し、同年十二月に航空自衛隊先遣隊がクウェート、カタールに出発した。翌平成十六年（二〇〇四年）一月には陸上自衛隊先遣隊と航空自衛隊本体にイラク派遣命令が発令された。

陸上自衛隊、航空自衛隊の派遣は、海上自衛隊のインド洋補給オペレーションがなければ実現しなかったと思う。さすがに、いきなり「ブーツ・オン・ザ・グラウンド（地上部隊派遣）」はハードルが高かったと思う。

いずれにしても「ブーツ・オン・ザ・グラウンド」は、オペレーションの時代に入った自衛隊にとって次元が一つ上がった出来事だ。

ペルシア湾掃海部隊派遣、PKO活動、インド洋補給オペレーションで実績を積み、国際的にも高い評価を得て、国民の自衛隊に対する信頼も高まってきた。だからこそ、「次は陸上自衛隊を」という話になったのだ。

後日、陸上自衛隊のイラクへの出発日がマスコミに漏れるたびに、出発日がその都度変更され部隊は大変苦労したという話を聞いたが、政治が自衛隊を運用することに習熟していなかったのであろう。オペレーションにおいても未だ過渡期だったのである。

地元の人々との交流

第三護衛隊群司令を一年三カ月務めたあと、佐世保地方総監部ナンバー・ツーの幕僚長に転勤になった。佐世保も「おおよど」艦長に続いて二回目の勤務である。

海上自衛隊は実力組織である自衛艦隊のほかに五つの総監部を持っている。北から大湊、舞鶴、横須賀、呉、そして佐世保である。佐世保総監部の守備範囲は、山口県の一部から九州、沖縄である。主として沿岸警備、自衛艦隊への後方支援、新入隊員の教育、そして地元との各種調整等を担う。

特に、当時は大村航空隊（今は自衛艦隊所属）というヘリコプターの部隊を持っていたが、離島への急患輸送を担っていた。長崎県は離島が多く、離島では十分な医療機関がない。そこで急患輸送の要請がたびたび自衛隊に来た。私の感覚では三日に一回以上のペースだったように思う。

陸上自衛隊は、二〇〇七年徳之島で、二〇一七年函館で急患を迎えに行く途中で墜落し殉職者を出している。あまり目立たないが離島の医療体制は自衛隊が支えている面が大きい。

佐世保地方総監部勤務は一年四カ月だったが、地元の人々との交流は深かった。横須賀、呉、佐世保、舞鶴、そして大湊も帝国海軍以来、軍港として帝国海軍を支えてきた。その歴史を背負って今でも地元の人々は海上自衛隊を支えてくれている。地元の人々との交流は今でも続いており、私の生涯の財産だ。

佐世保・長崎周辺のゴルフ環境は抜群で、この時期にゴルフを本格的に始めた。５番アイアン以外も使えるようになった。ゴルフは今では私の趣味の一つである。

「統合幕僚監部」の設置

佐世保地方総監部で一年四カ月勤務した後、平成十七年（二〇〇五年）七月に、市ヶ谷に戻り、海幕の監理部長となった。途中から監理部長の職名が変わり総務部長となった。久しぶりの総務勤務である。

総務部長をしていた平成十八年（二〇〇六年）三月に、統合幕僚監部（略して統幕）が設置され、それまでは統合幕僚会議議長が自衛官の最高位であったが、それに代わり統合幕僚長のポストを新設した。会社組織に譬《たと》えれば、統合幕僚会議議長は代表権のない会長であり、統合幕僚長は実質的な権限を持つ代表権のある会長と考えてもらえばいいと思う。それまでの陸・海・空の縦割りを改めて統合体制へ移行することになった。

防衛課長時代から統合の議論に加わっていたが、私は当初から統合推進論者だった。

統幕が設置されて十四年が経過した。さまざまな経験を経て自衛隊における統合運用は深化しつつあると思う。まだ、残された課題はあるものの順調に前に進んでいると評価している。平成になって自衛隊が「オペレーションの時代」に入ったことが否応なく統合を後押しした面はあったと思う。

当初、統合に対して比較的ネガティブだったのは海上自衛隊だった。それは日米関係の中で最も強い絆で結ばれていたのは海上自衛隊と米海軍だと部内外から高く評価されていたこともあり、どちらかというと海上自衛隊は米海軍の方を向き、陸・空自衛隊の方にはあまり目を向けていなかったこともあながち否定できない。しかし、今や海上自衛隊においても統合マインドは着実に育ってきている。

少し専門的な話になるが、統合に関連して統合常設司令部の問題について簡単に説明したい。これは統幕を設置した時からの宿題として残された課題である。

現在、統合幕僚長には大臣を補佐する機能と大臣からの命令を部隊に執行する機能がある。そのうち命令執行機能を新設する統合司令官に移管し、統合司令官の下に常設統合司令部を設置しようとするものである。要は統合幕僚長の仕事を分担しようという考え方である。私が統合幕僚長の時代、ハリス米太平洋軍司令官からあなたのカウンターパートはワシントンの統合参謀本部議長であり、真の意味で太平洋軍司令官（今はインド太平洋軍司令官）のカウンターパートが自衛隊にはいないと言われたことがある。これは、ある意味自衛隊を米軍のイコール・パートナーとして位置付けてくれた発言でもあるが、当時はこのような課題は残されていたわけであるが、岸田政権下で統合司令官の創設が決定されたことは統合の観点から大きな前進である。

第六章

イージス艦「あたご」衝突事故で防衛部長更迭

石破茂大臣と共に「あたご」事故の記者会見に臨む著者。当時、防衛部長だったが、事故の責任をとらされて、この後、更迭された。

衝突事故直後の「あたご」と沈んだ漁船（船底がみえる）（2008年２月19日・上下共同通信社）。

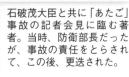

二十万ガロンか、八十万ガロンか

平成十八年（二〇〇六年）八月に、私は海幕の防衛部長を命じられた。防衛部長に就任した翌月の九月二十六日に、第一次安倍晋三政権が誕生した。この政権下での防衛庁にとっての大きな出来事は、防衛庁から防衛省へ移行したことである。平成十九年（二〇〇七年）一月九日に、防衛庁は防衛省に昇格した。大臣も「国務大臣、防衛庁長官」から「防衛大臣」となった。

第一次安倍政権においても、インド洋補給オペレーションは続けられたが、時限立法であったため、定期的に延長する必要があったが、参議院では野党が過半数を占めていた。いわゆる衆・参のネジレである。安倍政権は補給オペレーションをさらに続けるためにテロ対策特別措置法の延長を求めたが、小沢代表率いる民主党が反対したため、特措法はその効力を失い、約六年間続いたインド洋補給オペレーションは中断を余儀なくされた。

その後、安倍総理は体調を崩されたこともあり辞任された。その後を受け、平成十九年（二〇〇七年）九月二十六日に福田康夫政権が誕生した。

福田政権が発足して早々の十月に事案が起こった。インド洋補給オペレーションの給油量に関する政府の発表が間違っていたと指摘されたのである。

話は平成十五年（二〇〇三年）にさかのぼるが、当時、補給艦「ときわ」が米空母「キティホーク」に間接給油したと指摘されて国会で問題となった。インド洋補給オペレーションは、テロ対策特別措置法に基づくものであり、対テロ戦争との位置づけであるアフガン戦争の「不朽の自由作戦」に参加する艦船への給油に限定するという枠がはめられていた。

ところが「キティホーク」は、アフガン戦争ではなくイラク戦争に参加していたのではないか、「ときわ」が給油した米補給艦からイラク戦争に参加する「キティホーク」に給油されたことは、特措法違反ではないかと国会で野党から追及されたのである。「間接給油」とは海上自衛隊の補給艦が直接「キティホーク」ではなく、米補給艦を介して給油したことを言っている。

平成十五年当時、石破茂防衛庁長官は、国会答弁で「キティホーク」は「不朽の自由作戦」にも参加していたと述べた。同じく当時の福田康夫官房長官は、米補給艦への給油量は一日分の燃料である二十万ガロンにすぎず、ペルシア湾に辿り着くまでかなりの日数があるから、その油がイラク関係に使われたことはあり得ないと述べていた。

この四年前の問題が平成十九年に蒸し返されたのである。市民団体の調べによれば、「キティホーク」が「不朽の自由作戦」に参加した証拠はなく、さらに「ときわ」から米補給艦に渡った油の量は、米側の資料から八十万ガロンだったというのだ。

この点を国会で野党から追及された福田政権の防衛大臣は、その当時の防衛庁長官だった石破茂氏だった。石破防衛大臣の指示で海上自衛隊が調べたところ、補給量の数字が間違っていたことがわかった。ミスはミスとして認めたが、そこから補給量を含む艦の行動を詳細に記録している航泊日誌の管理の問題にまで波及した。確かに航泊日誌の管理はずさんな面があったため、その後是正している。

ただ、この給油量の問題は、「油に色がついているのか?」という問題に行き着く。例えば、ある米軍艦がアフガン戦争とイラク戦争の両方のミッションに従事することは十分あり得る。アフガン戦争に参加している米軍艦に給油し、その後その軍艦がイラク戦争に参加したとしても海上自衛隊が給油した油がどの場面で使われたのか、色で区別出来ない以上証明のしようがない。その際、この問題を追及している側から「油一滴論」という驚くべき主張が展開された。つまり、油は液体である以上、日本の油が一滴でも米軍艦の油タンクに入れれば、それは拡散し、すべてが日本の油となりアフガン戦争以外には使えないというのである。

本件については、調査団がワシントンまで出向き調査することまでしたが、米国の理解を得ることが出来ず、成果を得ることなく帰国したことは言うまでもない。

「誠心誠意」がアダに

防衛部長時代に達成できたことの一つに、イージス艦のBMD化（弾道ミサイルを迎撃できる装備への改修）がある。それまでのイージス艦は空対艦ミサイル等空からの同時攻撃に対する防御力に優れた艦ではあったが、弾道ミサイルの攻撃には対応できなかった。そこで、北朝鮮の脅威を念頭に弾道ミサイル防衛ができるよう、BMD化の改修工事が行われたのである。

イージス艦の一番艦「こんごう」のBMD改修が終わり、ハワイのカウアイ島沖でミサイル防衛の最終実験をすることになった。

江渡《えと》聡徳《あきのり》防衛副大臣と私は、現地に向かった。平成十九年（二〇〇七年）十二月十八日、標的となる弾道ミサイルが打ち上げられ、「こんごう」がそれを探知して、迎撃ミサイル

「SM3ブロック1A」を発射。大気圏外で標的に命中して、見事破壊した。

この最終実験成功で、日本初の弾道ミサイルに対応できるイージス艦の誕生ということになった。まもなく、日本のイージス艦八隻全部が弾道ミサイルに対応できる態勢となる。私の防衛部長時代に日本はその第一歩を記したのである。

それは良かったのだが、このBMD実験の視察中に、日本国内では大変なことが起こっていた。海上自衛隊を代表する護衛艦「しらね」で、火災事故が発生したのである。私は、その報告をハワイで受け取った。

「しらね」の中枢であるCIC（戦闘情報センター）は全焼し、すべて使用不能になるなど、被害は甚大だった。「しらね」は、私が若いときに艤装員として乗っていた艦で、建造中から知っている。その「しらね」で火災が起こってしまった。

帰国後はこの事故の調査に奔走したが、乗組員が持ち込んだ電気器具が原因ではないかと思われたが、結局原因は特定することはできなかった。私の海上自衛官人生でこのような大型護衛艦の火災は初めての経験だった。

私が防衛部長になった平成十九年は、こんなネガティブな事件・事故が続いたが、守屋武昌防衛事務次官事件もその一つだ。守屋事務次官と防衛商社である山田洋行のゴルフ接待を中心とする贈収賄事件である。守屋氏は事務次官を四年間という異例の長きに渡り務め、「防衛省の天皇」と呼ばれていた。一般論だが、「天皇」と呼ばれて悦に入ったら人間はお終いである。それはさておき、小池百合子防衛大臣の時に退職を勧告されたが、ここでまたひと悶着が起き、マスコミを賑わすことになった。

そして、高村《こうむら》正彦防衛大臣の時に退官されたが、その直後に事件が発覚した。守屋夫妻が東京地検特捜部に逮捕された後、防衛省にも家宅捜索の手が及んだ。防衛省としても前代未聞の事件である。他の検察庁の応援部隊を含め多数の検事、検察事務官がマイクロバス数台で早朝から防衛省に事情聴取と捜索に訪れた。もちろん防衛部長である私の部屋にも検事が訪れた。「東京地検特捜部です。動かないで！」と部屋のすみずみを捜索された。同僚の部長等の話ではもらった名刺、行動予定、手帳等が押収されたとのことだった。私は、もともとメモ魔ではなく、手帳ももっていなかった。会社名を出して恐縮だが、ヤクルトのおばちゃんから毎年貰う小さいカレンダーに私の予定はすべて書いていた。そのカレンダーを私の椅子のうしろの壁にマグネットで留めていたのだが、検事は目もくれず通り過ぎた。〝天下の防衛部長〟たるものがヤクルトカレンダーにすべてを書いているとは思わなかったのかも知れない。わざわざこれを持って行って下さいという必要もないと思い黙っていた。その代わり佐世保の幕僚長時代に秘書がつけていた出納簿（記念に持っていた）が押収された。中味は、弁当代三百五十円、クリーニング代五百円というものであり、三桁ほど違うのではないかと思ったがやむを得なかった。検事が去ったあと、私の女性秘書は、「テレビドラマを観ているみたいでした！」と驚きとも感激ともとれる感想を述べていた。

いずれにしても防衛省始まって以来の一大スキャンダルとなった。守屋事務次官は、その後、有罪判決が確定し、実刑となった。

この「守屋事件」を契機に石破大臣主導で、「商社不要論」が巻き起こった。簡単に言えば、商社は使わず商社の仕事は防衛省でやれというものである。しかし、できるはずもなく、その後この方針は雲散霧消した。

そして、翌年には、私の人生に大きな影響を及ぼすことになる事故が待ち受けていた。

平成二十年（二〇〇八年）二月十九日午前四時過ぎ、イージス艦「あたご」と漁船「清徳丸」が千葉県の房総半島沖で衝突したのだ。この衝突事故で「清徳丸」は沈没し、船長ら二名が行方不明となった（後に死亡と認定）。

私は就寝中であったが、当直からの電話で飛び起き、タクシーで防衛省に向かった。

前年に就役した「あたご」は、イージスシステムの装備の認定を受けるために、ハワイに派遣されていた。四カ月近くの認定試験の後、日本に戻ってきて横須賀に寄港する途上の衝突事故だった。

事故発生は午前四時過ぎ。その一報を受けた防衛省では、朝から幹部らが大臣室に呼び集められ対応を協議した。石破防衛大臣から「防衛省には国民への説明責任がある。事情を調べて国民に説明せよ」との指示が出た。

これを受けて、状況を把握するために「あたご」の上級司令部である護衛艦隊司令部の幕僚長を「あたご」に派遣し、防衛省に逐一報告させる態勢をとった。

そうすると上司から「『あたご』から航海長を呼んでいるから、防衛省に着いたら、いきなり大臣というわけにはいかないからオマエが先ず事情を聴け」という指示を受けた。私は航海長を呼んだことは知らなかったが、正直、別に違和感も感じなかった。大臣の「状況を把握し報告せよ」との指示を受け、防衛省の最高幹部レベルで決めたようだ。大臣が航海長を呼ぶことを事前に承知していたかどうかは私には分からない。ところがあとあとこの航海長を事故現場から呼び寄せたことが大問題となる。

防衛省にヘリコプターで到着した「あたご」航海長から私と担当の運用課長で事情を聴いた。事故当時の状況を絵に描いてもらったりもした。一通りの事情聴取が終わると、上司にその内容を報告し、大臣が待っておられるということだったので、航海長を大臣室へ向かわせた。私は大臣による聴取の場には立ち会っていないので、その内容については承知していない。

ところが、事故現場から、ある意味の被疑者である航海長を捜査機関に断りもなく呼び寄せたことは捜査妨害にもなりかねず、海上保安庁としては怒り心頭である。言われてみれば全くそのとおりだ。

その日の晩のニュース番組では、私が「あたご」航海長を事前に呼び寄せて、海上自衛隊に都合のよい報告をするように言い含めたと臭わせる報道を流した。しかも私だけ写真付きである。航海長を呼び寄せたことが国会でも問題になり、大臣がなぜ航海長に会ったのかが追及された。その際、大臣は要旨次のように答弁された。

「海幕が航海長から事情を聴いていると聞き、隠蔽が疑われるといけないので、自分が航海長から直接話を聞いた」

その瞬間、私は全身の力が抜けた。

マスコミへの事故の状況に関する記者説明は、私が担当した。これも大臣が指示された「国民への説明責任」の一環と捉えていた。連日一時間以上、記者への説明に費やし、私としては誠心誠意、記者に説明したつもりである。ところがこの「誠心誠意」がある意味アダとなった。現場から上がって来る情報を説明するわけであるが、当然現場は混乱しているので時間の経過とともに「以前の情報を訂正します」とくる。そうすれば私も正確な情報を伝えるため〝誠心誠意〟訂正する。また、現場から「訂正します」とくる。私は再び〝誠心誠意〟訂正した。そのうち、「海幕の説明、二転三転、隠蔽か?」となっていく。

海上保安庁としては、防衛省が次々と情報発信をすることに対しても、捜査当局として非常に不快に思っていた。それはそうだろうと納得した。

マスコミは「あたご」批判一色

マスコミは、「あたご」側にすべての原因があるかのように報道し、海上自衛隊は徹底的に非難された。「なだしお」事故の時に、「なだしお」が一方的に非難されたのと同じ状況だった。こうなると後輩を支えるどころかマスコミと一緒になって海上自衛隊を攻撃するOBまで出現した。まさに負のスパイラルである。

交通事故と同じで、事故原因に一〇〇対〇ということはないが、しかし、大臣は事故から二日後の二十一日にご遺族のもとを訪問され謝罪されている。また、大臣の意向で、海上幕僚長と「あたご」艦長が、その六日後の二十七日にご遺族に謝罪に出向いた。防衛省としてご遺族に対して見舞金の一時金も支払った。三月二日には、福田総理もご遺族の自宅に出向いて謝罪されている。国会では、福田総理が「海上自衛隊は本当に情けない」と発言された。

海難審判では二審を請求できなかったため、「あたご側に主因がある」とされて裁決が確定してしまったが、その後の刑事裁判では、起訴された「あたご」の航海長、水雷長はすべて無罪とされた。横浜地裁は「回避義務は清徳丸側にあり、あたご側に回避義務はなかった」と判断した。高裁でも無罪とされ、検察は上告を断念して判決が確定した。

しかし、判決が確定したのは事故から五年後のことである。

記者に事故について説明していた私にも非難の刃が突き付けられた。先ほども述べたように私は誠心誠意、記者に対応した。その結果、記者との関係は決して悪くなかったし、むしろよかったと思っている。ある日一時間以上の記者説明をしていた時に、ある記者が手を変え品を変え、同じ質問を繰り返した。それに対して私は「その質問にはもう答えましたよね」と応じ、その手に乗らなかったことで、一瞬緊張の糸が切れ会場はドッと笑いに包まれた。それにつられて私もつい笑ってしまった。ところが、あるテレビ局がその映像を夜のトップニュースで流したのである。防大時代には上級生に「笑ってごまかすな！」とよく叱られたものだが、もちろんこの時は笑ってごまかそうというつもりは毛頭ない。それから一週間ほど不謹慎だとして、マスコミの非難の矢面に立つことになった。

ある朝の情報番組では、レポーターが私の写真を街頭を歩く女性に示して、「これ笑ってますよね？」と質問すると、女性は「え～うっそ～、笑ってるぅー、信じらんな～い」という具合だ。事情を知っている他の記者からは「あれは禁じ手ですよ」と慰められたが、もうどうしようもなかった。

官邸、石破大臣からもご叱責を受けたが、その背景を説明しても詮無いことと思い、今の今まで話したことはなかった。

後年、海上幕僚長、統合幕僚長となり定例の記者会見を行うことになったが、絶対笑わないことを心掛けた。

イージス艦「あたご」事故の教訓

「あたご」事故を巡って防衛省・海上自衛隊は負のスパイラルに陥り、大混乱に陥った。危機管理としては大失敗と認めざるを得ない。

そして、事故から約一カ月後の三月二十一日に、事故の原因が未だ定かでないにもかかわらず、防衛省は「平成の大獄」とも呼ばれた大量の懲戒処分を行った。私も「訓戒」処分を受けた。当時の訓戒書は、自戒のために今も手元に置いている。規律違反の行為として、次のことが書かれてある。

「貴殿は、海上幕僚長の命を受け部務を掌理し、海上幕僚長を補佐する立場にある防衛部長として、平成二十年二月十九日、護衛艦『あたご』と漁船『清徳丸』が衝突し民間人二名が行方不明という大事故を生起させたことに関し、海上幕僚長の補佐が不十分であり、国民の海上自衛隊に対する信頼を大きく失墜させた」

ところが、事故から五年後、私が海上幕僚長の時に「あたご」の無罪が確定したのである。当時の小野寺五典大臣の下、前代未聞の処分の見直しを行ってもらった。しかし、重い停職処分を受けた者は当然、金銭的なダメージも大きかった。特別昇給を重ねさせても元には戻らなかった。

試しに、「私の処分も見直してもらえるのですかね?」とやんわり内局の人事教育局長に尋ねてみたが、「『しらね』の火災もありましたしね〜」とこれまたやんわり断られ、頭を垂れるしかなかった。

危機管理に失敗した「あたご」事故への対応から、私なりに教訓を導き出した。

第一は、情報発信の一本化である。

石破大臣の指示による「国民への説明責任」を果たすべく、防衛省・海上自衛隊は一生懸命やったと思う。この一生懸命がある意味アダとなった。一生懸命は時に視野を狭くさせる。私が、記者に事故の説明をしたが、それとは別に大臣会見、事務次官会見、統合幕僚長会見、海上幕僚長会見がある。それぞれ一生懸命やったが横の連携がなかった。記者からはそれら会見等の内容の矛盾、間隙をつかれ立ち往生する場面が少なからずあった。要するに司令塔がいなかったのである。危機の際は、司令塔の下に情報発信は一本化すべきである。タイミングは大事であるが、危機の時こそ一呼吸置き、情報が正確に把握できない中での拙速な情報発信は避けなければならない。

第二は、危機対応の態勢はシンプルであるべきだということだ。

この大事故に際して、「あたご」の乗組員は当面外出禁止。海幕は近郊の幹部を多数海幕に集め、本来のオペレーション・ルームとは別に大々的なオペレーション・ルームを開設し、将官を中心に重厚な当直態勢を敷いた。会議も頻繁に開き対応を協議した。人は危機的状況となった時に不安にかられ周りに人を集めたくなる。また、会議をやること自体が危機対応の目的化する傾向に陥りやすい。しかし、そこはじっと耐えて単純明快、シンプルに行くべきであり、少数精鋭が基本だと思う。危機管理において複雑怪奇は失敗の元である。

第三は、トップの顔を見せるということである。

例えば、ナンバー・ツーが実力者である場合に、そうであるが故に実力者のナンバー・ツーは、危機対応の際にトップに負担を掛けてはならないと自分が前面に立とうとする。そうなると部下はどうしてもトップではなく、ナンバー・ツーの顔を見るようになる。平時の業務では、それもありだと思うが、危機対応の場合は、トップが顔を見せ、責任の所在を明確にする必要がある。危機対応において、部下がトップではなく、ナンバー・ツーの顔を見るようになれば、危機対応はうまくいかなくなるように思う。

「あたご」事故から私なりにこのような貴重な教訓を得たが、それを活用する場は再び訪れることはないと思っていたところが、六年後、私が海上幕僚長の時に同じような事故に遭遇することになる（この「おおすみ事故」については第八章で触れる）。

防衛部長を更迭され〝最後の配置〟へ

このように海上自衛隊で、事故が続発したので、海上自衛隊はどうなっているのか！という議論に発展していった。海上自衛隊内からも今までやってきたことがおかしかったのではないかという議論になり、ついに海上自衛隊を「抜本的に改革」するという話になった。そのための委員会も立ち上げた。全国の高級幹部が海幕に集められ石破大臣が見守る中、「抜本的改革」の会議も行われた。まさに「海上自衛隊総ざんげ」である。しかし、私は、海上自衛隊が歩んできた道は「抜本的」に間違っていなかったと確信していた。

通常、防衛部長は夏の人事異動で「将」(中将)に昇進して、晴れてどこかの司令官、地方総監に栄転するのが通り相場だった。「将」に昇任せず防衛部長から転出したことは過去に一回あったそうだが、それは当時の強烈な海上幕僚長の意向だったようだ。

私は、平成二十年(二〇〇八年)三月中旬に米海軍大学で実施されている日米の図上演習視察のため米国に出張していた。三月十九日に帰国し、自宅で就寝していたところ、午後十時を回っていたころだったと記憶しているが、私の携帯電話に海幕の人事教育部長から

「誠に申し上げにくいのですが、転出して頂きます」という連絡が来た。そこで「了解。それでどこへ、いつ？」「掃海隊群司令です。二十四日付けです」ということだった。さすがに驚いたが、「やっぱりな」という気持ちもあった。二十四日だったらもう時間がない。翌日は二十日で春分の日の休日だったが出勤し、防衛部長室のあと片付けを急いでした。秘書の女性に連絡を取ろうとしたが取れなかった。二十二日は土曜日、二十三日は日曜日だった。ということは残された日は二十一日の金曜日しかないというあわただしさだった。

防衛部長室のあと片付けも終わり、帰ろうとすると、たまたま仕事で休日出勤していた防衛班長と班員数名が「送別会をさせて下さい」と言ってくれた。休日なのであまり店は開いていなかったが、四谷の小さな居酒屋での心温まる送別会だった。本来なら、「河野防衛部長を送る夕べ」とか「河野防衛部長、ご栄転おめでとうございます！」とかの横断幕が掲げられたホテルの大ホールで防衛部数百名による大送別会が催される。このような大送別会ではなく、小さな居酒屋でのこぢんまりした送別会だったが、本当に有難かった。

明くる二十一日、残された日はこの一日しかなかったので、朝からお世話になった方々への挨拶回りをし、そして、海上幕僚長から訓戒処分を受けた。

いよいよ防衛部長の職を去る時が来た。秘書の女性は、友人の結婚式に出ていて、連絡が取れなかったのだ。彼女と別れる時に、今まで献身的に支えてくれたことに感謝したところ、結婚式で連絡がとれなかったことを悔しがり、「なぜ、防衛部長が責任を取らなければならないのですか」と号泣してくれた。もちろん女性と別れる時に泣かれたのは生まれて初めての経験である。本当に有難くて、「ああ、これでよかった」と踏ん切りがついたことを覚えている。

処分を受けた者は、二年間は昇任がないと聞かされていたので、掃海隊群司令が海上自衛隊生活最後の配置になるだろうと思って次の配置に向った。

防衛省の庁舎を出る時にも、部下だった人たちを中心に数名が防衛省の前庭で見送ってくれた。こぢんまりした見送りだったが、心にしみた。そして振り返り、庁舎を見上げ、もう市ヶ谷に戻ることはないと思った。

読書の価値――「負くることを知らざれば害その身にいたる」

翌、二十二日の土曜日は官舎の引越しをしなければならなかった。一段落したところで近くの豪徳寺に初めて行ってみた。恥ずかしながら、井伊直弼の菩提寺とは知らなかった。

そこで小さな招き猫を購入したが、今でも我が家の玄関に鎮座している。

その日の晩には、今では番組は終了したが、ある民放で、タレント三人が路線バスのみを乗り継いで、目的地を目指すという旅番組をやっていたので、何気なく観ていたら思わず引き込まれてしまった。目的地に向かうバス便がなくて絶望的になったりしながら、別のバス便を見つけて何とかジグザグしながらもゴールに到着するというものだった。よく説明できないが、その番組を観ているうちに自分の置かれた境遇を忘れ、何か自分の中でスイッチが入ったような気がして、意欲が湧いてきたのである。わが人生に重ねてみたのかもしれない。人間とは不思議なものである。

二十四日の月曜日の朝に掃海隊群司令として着任するため、横須賀に向った。私は、掃海隊群司令という配置に失礼だと思い、「更迭」という言葉は使いたくはなかったが、処分を受けた上でのある日突然のあわただしい転勤命令であり、客観的に言えばやはり「更迭」なのだろう。

掃海隊群司令として呉で集合訓練をしている時に、海幕のある部長が立ち寄って、「中央では、河野さんは、いずれ昇任させてもいいが、もう中央勤務はダメと言ってます。ワハハハ〜」と大笑いして帰って行った。最初の「中央」とは防衛省首脳という意味で、後の「中央」とは市ヶ谷の防衛省という意味である。この部長の来訪の意図はよく分からなかったが、中央勤務に最高の価値を置いていることだけは分かった。何ともかわいそうな男だと思った。

よくも悪しくも、防衛部長の時よりも時間ができたので、読書にいそしもうと考えた。ここでいささか脱線するが、私の読書観について述べてみたい。最近は、電車の中でも本を読む人の姿をほとんど見なくなり、スマートフォンを触っている人が多数である。しかし、読者により間違いなく論理的思考力つまり考える力が身につくことは間違いないと思う。読解力イコール論理的思考力と言ってもいい。そのため私はいわゆる飛ばし読みはしない。

さらに、これはあまり言われていないが、私が非常に大事だと思うのは紙を触るということだ。その意味で本の電子版は読まない。ペーパーレスが世の流れだが、紙を触ることによる精神の安定という効用は、自身の体験からもあるように思う。

難しい決断をしなければならない局面に立った時に読書をしている人が必ず正しい判断をするとは限らない。読書をしている人が必ず正しい判断をすると言えば、それはもう宗教だ。そんなことはない。しかし、読書を通じて論理的思考力を身につけた人が正しい判断をする確率は、していない人に比べ格段に上がると思うし、判断の厚みが違ってくると思う。

小学校四、五、六年生のときの担任だったのは、もう亡くなられたが山崎豊先生で、当時は二十代の若い先生でスポーツマンだった。一九六四年に東京オリンピックが開催されたが、自分が生きているうちはもう日本でオリンピックはないと、生徒を置きざりにして東京まで観戦に行かれるような行動派の先生だったが、一方で、「とにかく本を読め、何でもいいから本を読め」と言って、生徒たちに本を回し読みさせる先生だった。掃海隊群司令に転出して間もない頃、山崎先生が「もうすぐ山岡荘八の『徳川家康』が出版される。それが楽しみだ」と言っていた言葉をなぜかふと思い出したのである。そこで文庫本で全二十六巻の『徳川家康』を購入して読み始めた。

その中で家康が言ったとされる次の言葉に勇気づけられた。

「堪忍は無事長久の基、怒りは敵と思え。勝つことばかり知って負くることを知らざれば害その身にいたる。おのれを責めて人を責むるな。及ばざるは過ぎたるにまさるものぞ」

家康は「たぬきオヤジ」のイメージがあるが、若い時には武田信玄と三方ヶ原で命がけの勝負をし、惨敗している。恐怖のあまり脱糞したとも言われている。織田信長に命じられて正室の築山殿《つきやまどの》と嫡男《ちゃくなん》の信康を失っている。関ケ原も薄氷の勝利だった。勝ってばかりでは油断が生じて失敗する。人生は負けを知らないといけないということを家康の人生は教えてくれた。

後で知ったのだが、ゴルフにもいい格言があった。

「人間は、自分が敗れたときこそ種々な教訓を得るものだ。私は、勝った試合からはかつてなにものをも学び得たことはなかった」(ボビー・ジョーンズ)

「ゴルフでは、怒りは最大の敵である」(ノーマン・フォン・ニーダ)

また海音寺潮五郎の『西郷隆盛』(全九巻)も読んだが、同氏が亡くなられたため、未完の作品だ。

ちなみに、私の「座右の書」は、前出の『坂の上の雲』のほかには、山田済斎編の『西郷南洲遺訓』と、江戸時代の儒学者、佐藤一斎の『言志四録』だ。『西郷南洲遺訓』は、いうまでもなく明治維新の立役者である西郷隆盛の遺訓集。『言志四録』は、その西郷隆盛や佐久間象山も愛読したという隠れた名作で、たくさんの人生のヒントが詰まっている。現代人が読んでも活かせるヒントが満載だ。

明治以降の近現代史に関しては、外務省の論客でもあった岡崎久彦さんの一連の作品も愛読した。岡崎久彦さんには生前親しく御指導頂いた。集団的自衛権行使是認が閣議決定された夜、乃木坂のレストランで岡崎さんと内閣官房副長官補をされていた兼原信克さんと私の三人で祝杯を上げた。その際、岡崎さんは「次は台湾だよ」と言われたことが今でも耳から離れない。

小説としては作家の遠藤周作の『沈黙』『深い河』『キリストの誕生』や曽野綾子の『神の汚れた手』『私を変えた聖書の言葉』なども読んだ。

第九章でも少し触れるが、自衛官として国際交流が増え、様々な国々との付き合いも多くなってきて、キリスト教圏のみならずイスラム教圏の軍人とも会う機会が増えてきた。そういう時に素養として宗教に関する最低限度の常識を知る上でも、こういう作品が役立った。

あと、三島由紀夫の作品もほとんど読破した。前述したように、二〇〇三年にインド洋の給油活動に派遣された時、三島由紀夫最後の作品である『豊饒の海』を携えた。彼は、自衛隊の東部方面総監部に立てこもり割腹自決したこともあって、その行動には賛否両論があるが、文学者としてはやはり天才だと思う。

文学者（小説家）としては夏目漱石も大好きだ。少年時代、子供向けの『坊っちゃん』などを読んだ程度でそれっきりだったが、数年前から明治当時の版で『坊っちゃん』『こころ』『門』などを読み始めると、現代版にはない味わいがあってよかった。

ともあれ、更迭されて掃海隊群司令になったはずが、いざ行ってみると「いい配置を与えてくれた」と思った。私はもともと水上艦乗りだ。船に乗るという点では、掃海も共通しているが、世界が違った。護衛艦の世界は、ミサイル、魚雷など華々しい。一方、掃海の世界は、昔ながらの地味な努力を積み重ねていく泥くさい作業ばかりだ。海の爆発物である機雷をひとつひとつ処分していく。ダイバーを潜らせ、爆薬を付けて、機雷を爆破処理する。湾岸戦争後のペルシア湾の掃海オペレーションでは、難しい機雷の処理を成し遂げ、世界から高く評価されたことは先に述べたとおりだ。

自分の海上自衛官生活で、これまで見たことがない世界に入らせてもらったことは、本当に良かった。初めての経験をたくさんさせてもらった。

「いい配置に来させてもらった。ここを最後にリタイアするのも悪くないな」と思えた。

危険な実機雷処分の訓練中に緊急事態発生

掃海隊群が毎年行っている訓練の一つに、硫黄島沖での実機雷処分訓練があった。普段はダミーの機雷を海に沈めて、それを見つけて処分する訓練を行う。それに加えて、年に一回、本物の機雷を使って訓練をするのだ。かなり危険な作業であるが、この訓練が掃海部隊の誇りであり、世界に冠たる掃海技術を維持している源でもある。

私は、掃海母艦「うらが」に乗艦し、艦橋で訓練の様子を見ていた。

すると、医務長が駆け上がってきて「大変な状況です！」と報告してくるではないか。何事だと返答すると、艦内で病人が発生したという。話を聞くと、重大事だ。エンジン部門の下士官トップである機械員長が工業用のアルカリを誤って飲んでしまい、もだえ苦しんでいる。一刻の猶予もない。即刻、病院に搬送しなければ命が危ないというのである。

その日はたまたま硫黄島の開隊記念行事で関係者を輸送するためにＰ－３Ｃ哨戒機が硫黄島に来ていた。

硫黄島には港がないから、「うらが」を硫黄島に横付けることはできない。患者をヘリコプターで「うらが」から硫黄島に運び、そこからP－3Cで厚木基地に搬送する。そこから救急車で自衛隊中央病院に運ぶ。そういう手はずを整え、機械員長を病院に送り届けることができた。

やがて事故原因がわかった。

ある乗員が自殺を図ろうと、工業用のアルカリを持ち出し、いざ飲もうとしたら、上司から急ぎの仕事を頼まれたため、それをペットボトルに入れて冷蔵庫にしまっておいた。作業に熱中しているうちに、自殺することを忘れてしまった。そこに「ワァ！」「大変だ！」という叫び声が聞こえてきた。「ひょっとしたら」と戻ってみると、機械員長が自分の用意しておいたものを清涼飲料水と間違えて飲んで苦しんでいたというのである。

後日、機械員長を見舞いに行ってみたが、「まだ流動食です」と言いながら食事ができるほど回復しており、なんとか命は取り留めた。

さて、患者を病院まで搬送はできたが、私にはもう一つやらなければならないことがあった。それは、「うらが」を横須賀に戻すことである。

いずれにしても「うらが」は事件発生艦である。現場検証、事情聴取などのために横須賀に帰さなければいけない。

ただ、大きな問題があった。実機雷訓練だから、「うらが」には実物の機雷をたくさん積んでいた。この実機雷をどうするかである。訓練を中止して帰るのも選択肢だった。しかし、実機雷訓練は、掃海部隊にとって年に一回の貴重な訓練なのである。

そこで私は、「うらが」は横須賀に帰し、実機雷訓練は続けるという決断をした。そのために、「うらが」の実機雷をもう一隻の掃海母艦「ぶんご」に洋上で移し替えるように命じた。

すると、みんなが「えー！」と驚いた声を挙げた。しかも、その日は強風が吹いていた。「洋上で、そんなこと、やったことがありません」と言う。なるほどそうだろう。しかし、「やれ！」と命じた。その根拠は、掃海部隊に来て以来、彼らの洋上作業の練度の高さを自分自身の目で見て、彼らならできると確信していたからだ。

大型艦の「うらが」から大型艦の「ぶんご」に直接実弾を渡すわけにはいかないから、小さい掃海艇を「うらが」に横付けして、実機雷を掃海艇に移し、それを「ぶんご」に持って行って積み込む。この作業を何回も繰り返した。そして、全部の実機雷を「うらが」から「ぶんご」に事故なく移し替えることができた。

掃海の専門家からすると、腰を抜かすようなオペレーションだったのかもしれない。少しでも手違いがあれば、その場で機雷が爆発する非常に危険な作業である。

だが、彼らは見事にやり遂げた。

結果的に機械員長は命も取り留め、掃海部隊にとって貴重な訓練も実施することができた。

降ってわいた「田母神論文問題」

掃海隊群司令として半年ほどたった平成二十年（二〇〇八年）の十月末、テレビで報道番組を何気なく観ていたら、田母神俊雄《たもがみとしお》航空幕僚長の〝論文問題〟のニュース速報が流れていた。それからまもなく各局のニュースは田母神航空幕僚長問題一色になっていった。ある民間企業が主催する懸賞論文に応募し、第一等に輝いた田母神航空幕僚長の論文が、政府見解と異なる、それがケシカランという話だった。その時は「へぇー」という感じで見ていただけだったが、これが後に我が身に降りかかってこようとは想像だにしなかった。

私は、もちろん田母神航空幕僚長の存在は知っていたが、「空」と「海」との違いもあり、仕事上で直接関わりを持ったことはなく、田母神航空幕僚長はおそらく私の存在は知らなかったと思う。

結局、田母神航空幕僚長は職を解かれ、事実上自衛隊を辞めさせられることになる。ただ、そのやり方は前代未聞だった。

自衛隊ではトップである幕僚長以外の将は六十歳が定年となっている。少しややこしいが、階級としての将は旧軍で言えば中将である。幕僚長も階級は同じ将であるが、その職としては旧軍の大将扱いである。したがって、幕僚長の定年は六十二歳だ。六十歳を半年ほど過ぎていた田母神空将は、航空幕僚長の職を解かれて航空幕僚監部付とされたため、「あなたは、今は普通の『将』ですね」ということになった。そこで、定年退官扱いで自衛隊を去っている。通常、幕僚長が離任する時に行なう離任式もなく、田母神空将が滞在していたホテルへ花束が届けられただけとのことである。

ともあれ、そういう形で突如として田母神航空幕僚長は職を解かれた。その結果、人事が動いた。

次の航空幕僚長として、防衛省情報本部長だった外薗《ほかぞの》健一朗空将が就任することになった。後任の情報本部長には、統合幕僚副長だった下平《しもひら》幸二空将が就くことになった。ここまではひとごとである。ところが統合組織である統合幕僚副長の段階で、「空」から「海」へと人事が切り替わったのである。統合幕僚副長には海上自衛隊の護衛艦隊司令官だった高嶋博視《ひろみ》海将が就くことになり、「将」の配置である護衛艦隊司令官のポストがポッカリ空くことになったのである。

さらに思わぬ形で昇任し、護衛艦隊司令官に

当時の私は更迭された身であり、掃海隊群司令を最後に自衛隊を退官することになるだろうと思っていたが、どういう巡り合わせか、将ポストが急に空いてしまったのだ。更迭されてから七カ月目にして昇任させてもらえることになった。要は玉突き人事である。

田母神航空幕僚長の論文問題が起こることなど想像もしていなかったし、当り前だが、私が仕掛けたわけでもない。まさか航空自衛隊の人事が海上自衛隊の自分に影響してくるとも思っていなかった。

「運」としか言いようがない。

私の同期はすでに夏の時点で将になっていたから、遅れたと言えば遅れたのだが、昇任させてもらえただけでも運が良かったと言わざるを得ない。

海上自衛隊では、「自衛艦隊」の隷下に、大きな集団として「護衛艦隊」「航空集団」「潜水艦隊」の三つがあり、そのほかに、「掃海隊群」「情報業務群」などがある。

私が着任したのは、自衛艦隊隷下の護衛艦隊の司令官である。

護衛艦隊には、司令部（横須賀）と第一護衛隊群（横須賀）、第二護衛隊群（佐世保）、第三護衛隊群（舞鶴）、第四護衛隊群（呉）の四つの主力部隊があり、そのほかに小さい部隊がいくつもある。船乗りの海上自衛官にとっては憧れのポストである。

護衛艦隊は、船の部隊だから、以前は、司令官は船に乗っていた。東郷平八郎元帥が旗艦「三笠」から指揮を執っていたように、船から指揮を執るのが普通である。

護衛艦隊司令官は船が正式な居場所であるが、港に入っているときは、船の電話回線では制約があるから陸上に降りていた。

そこで護衛艦隊は横須賀の港に入っているときには、栄光学園の校舎だった建物を司令部として使っていた。壊れかけの建物だったけれども、陸上建物は仮の居場所なので予算要求の名目が立たず、新しく建て替えることはできなかったのだ。

ところが私の前任の高嶋司令官の時に、護衛艦隊司令部は正式に陸上の部隊となった。私が護衛艦隊司令官をしていた平成二十一年（二〇〇九年）四月五日に、北朝鮮がテポドン二号を発射した。イージス艦は私の指揮下にあった。

このとき、防衛省で誤報事件が起こった。

北朝鮮は事前に人工衛星を打ち上げると発表し、事実上のミサイル発射を予告していた。浜田靖一《やすかず》防衛大臣が破壊措置命令を発令していたため、我々はずっと待ち構えていた。緊張しながら待っていると、四月四日の昼のニュース速報で、北朝鮮が「ミサイルを発射した」という情報が流れた。

我々は、「えっ？ 撃ったのか？」と緊迫した。しかし、護衛艦隊こそが第一線で監視を続けている部隊である。現場からは何の報告も上がってきていない。いったいどういうことなのか。

結局、防衛省のミスだった。一刻も早く国民に伝えなければいけないと担当者たちが慌てたことが原因だったようだ。

翌五日にテポドン二号は発射された。我が国の上空を越え、レーダーで追尾した。ただ、日本の領域への落下はなかったため、迎撃はしなかった。北朝鮮は「人工衛星の打ち上げに成功」と発表したが、軌道上に衛星らしきものはなく、実際には失敗だったはずだ。

ともあれ、朝鮮半島をめぐる緊張はそのころから高まっていくことになる。私は期せずして、その前線で立ち向かうことになっていくわけだが、その前に日本は国家的な危機を迎えることになった。そのとき、自衛隊はどう動いたか……。次章で綴ることにする。

第七章

統合幕僚副長就任——東日本大震災の怒濤の日々

上　日米トモダチ作戦をめぐって在日米軍関係者と懇談（2011年３月）。日本側の左から二人目が折木良一統幕長（三人目が著者）。

下　日米トモダチ作戦。米兵が救援活動に従事（気仙沼市にて。共同通信社）。

即応には「オフ」の人間が必要だ

二〇〇八年十一月から一年八カ月ほど、護衛艦隊司令官をやらせてもらった後、平成二十二年（二〇一〇年）七月二十六日に、統合幕僚副長に発令された。自衛隊トップである統合幕僚長の補佐役である。当時の統合幕僚長は折木良一陸将である。

二度と戻ることはないと思っていた、市ヶ谷に戻ってきたのだ。

実は、この時が初めての統幕勤務だったが、まったく違和感はなかった。最初は「仰《ぎょう》指《し》」という言葉が分からなかったが、これは陸上自衛隊の用語で「指導を受けに行く」つまり「報告に行く」ということだ。他の自衛隊の文化を知る意味でも統幕はいいところだ。

その年の十一月二十三日に、北朝鮮が韓国の延坪島《ヨンピョンド》を砲撃する事件が起こった。その日は祝日だったため、私たちは多摩ヒルズという米軍施設のゴルフ場で在日米軍の幹部と日米親善ゴルフをやっていた。

私と一緒にプレーしていた在日米軍の作戦参謀は、「ゴルフが終わったら一家で京都に遊びに行く。楽しみだ」と言っていた。楽しくゴルフを終え、「京都、楽しんでね」と言って別れた後、韓国の延坪島が北朝鮮に砲撃されたという一報が入った。私は防衛省に取って返し、対応に当たった。

何日か経った後に、一緒にゴルフをした米軍の作戦参謀に会った。京都への休暇を取り消して対応に当たったのだろうと思っていたから、「アンラッキーだったね」と言うと、「いや、家族みんなで京都に行ったよ。実に楽しかった」と言うではないか。

このことを統幕で話すと、「だから在日米軍はダメなんですよ」と否定的な評価をする部下がいた。

しかし、私の考えは違う。これが米軍の強さではないかと思う。彼らは対処していないのではなく、誰かがきちんと対処しているのだ。だから、作戦参謀は休むことができたのである。「対処する人は対処する。休む人は休む」というのが彼らの考え方だ。オンとオフをきちんと分けることが大事なのだ。

日本では、緊急事態が起こると「全員、来い」という話になる。最初の立ち上がりはそれでもいいが、長期戦には耐えられない。「あたご」事故の時がまさにそうだった。近隣の幹部が集められ不眠不休で対応に当たった。しかし、人数を増やしてもあまり意味はなかった。

退官後に、統合幕僚長の時は北朝鮮のミサイル対応で、ずーっと即応態勢を維持するのは大変だったですね、と聞かれることがよくある。そのとおり自衛隊は即応態勢を維持した。しかし、多くの人にとって、即応態勢のイメージは全員が血眼になって頑張っているという姿だ。つまり「即応」とは全員がオンの状態だと勘違いされるが、「即応」を維持するには、オンの人だけでなく、必ずオフの人がいなければならない。

「即応態勢＝オフの人間が絶対必要」。頑張りすぎる日本人に対しては、この点をあえて強調しなければいけないと思っている。ある意味、即応態勢とは余裕しゃくしゃくでやらなければならないものだ。そうでなければ「いざ、鎌倉」に対応できず、その前に倒れてしまうことになりかねない。

東日本大震災発生六分後に災害派遣要請

平成二十三年（二〇一一年）三月十一日、私は、市ヶ谷の防衛省の庁舎にいた。

午後二時四十分過ぎ、横須賀にいる同期から電話がかかってきて話をしていた。すると、突然、庁舎が激しく揺れ始めた。「大変だ！」と思ったが、同期はなかなか話をやめない。横須賀に揺れが伝わるには少し時差があるのか。まもなく横須賀も揺れ始めたようで、相手も「大変だ！」と言って、電話をやっと切った。

私のオフィスは十四階にあったから、揺れが非常に激しかった。庁舎が倒壊するかと思うほどだった。外を見ると、あちこちで煙が上がっている。テレビでは津波で街が飲み込まれるシーンが映し出されていた。

そこから、怒濤の日々が始まった。

先にも述べたが、私は危機対応では先ず「初動全力」そして第二は組織、指揮命令系統はシンプルで行くべきであり、少数精鋭が鉄則だと思っていた。そこで、自分の立ち位置をどうすべきか、考えた。私はトップではなく、あくまで統幕ナンバー・ツーの統合幕僚副長である。どの社会でも同じだと思うが、ナンバー・ツーの立ち位置は難しいものである。米国副大統領のポジションもその人の考え方によってスタイルは変わってくる。ナンバー・ツーの在り方についてはいろんな意見があると思うが、「あたご」事故対応の時の経験も踏まえ危機対応に当たっての私の結論は、「しゃしゃりでない」であった。

統幕の組織としては、統合幕僚長、副長、各部長そして各課長の順番になっている。平時は順番に報告するのが原則だが、危機のときには、何よりも迅速な決断、対応が求められる。そのため結節は極力少なくすべきだと考えた。したがって、統合幕僚長と第一線部隊、統合幕僚長と各部長の間に割り込むことは極力控えた。各部長に対しては、「私への報告は、事後報告でよい」と伝えた。

そして私は、統合幕僚長が手が回らない部分を引き受けることに徹した。

自衛隊は、当初二万人を派遣して人命救助活動に入った。発災から三日間は人命救助が鉄則である。さらに派遣人数を増やして、人命救助に全力を注いだ。

三日後の三月十四日には、統合任務部隊を編成した。陸海空が一緒になって任務を遂行するための部隊である。指揮官は、東北方面総監の君塚栄治陸将（後に陸上幕僚長）が務めた。

しかし、君塚さんは退官直後に亡くなられた。彼が陸上幕僚長の時、海上幕僚長として一緒に勤務させてもらったが、立派な自衛官だった。

統合任務部隊は、十八日までに十万人態勢を確立した。自衛隊史上、最大規模の統合任務部隊であった。

捜索、人命救助、遺体収容、生活支援、衛生支援など膨大な活動を行った。彼らの献身的な活動については、今も記憶されている方が多いのではないかと思う。

福島原発に向かった決死隊ヘリ

東日本大震災では、もう一つ重大な危機が勃発した。東京電力福島第一原子力発電所の問題である。

地震によって外部電源を失い、津波によって非常用電源の機能まで失ったため、全電源喪失状態となったのだ。そのため原子炉を冷却できなくなり、温度が上昇し始めた。格納容器内の圧力が高まり、非常に危険な状態に近づきつつあった。圧力を下げるには、ベントによって圧力を逃すしかなかった。線量が上がる中、ベントのために弁を開く作業がいかに困難なものであるかは言うまでもない。

発災翌日の十二日、一号機で水素爆発が起こった。マスコミも原発事故のことを盛んに報じ始めたが、政府は、ベントで放射能が出ることはあるものの、格納容器は堅牢で放射能が大量に出る心配はないという認識だった。

十四日午前に、三号機でも爆発が起こった。それでも、枝野幸男官房長官は午後の記者会見で「現時点で格納容器の健全性は維持されており、放射性物質が大量に飛び散る可能性は低いと専門家を含めて認識をしている」と答えている。

正確な時間は忘れてしまったが、三月十四日の夜に、フィールド在日米軍司令官から、統合幕僚長に電話がかかってきた。統合幕僚長が不在だったため、私が電話を受けた。

その内容は要旨次のようなものである。

「ちょっと言いにくいのだが、原発の状況を調べてほしい。空母『ロナルド・レーガン』からヘリコプターを飛ばして救援活動を行っているのだが、そのヘリコプターが帰ってきたら放射能反応が出た。一度調べてくれないか」

私にとっては寝耳に水だった。

東京電力は冷却水を注入中と言っていたし、政府も格納容器は大丈夫と発表している。メルトダウンは起きていないというのが日本政府の認識だった。

フィールズ司令官ははっきりとは言わなかったが、米軍の認識は、すでにメルトダウンが起こっているのではないかというものだった。現に空母「ロナルド・レーガン」をすぐに原発の風下から別のところに退避させている。

米海軍は世界で一番の原子力の専門家集団である。彼らは原子力空母と原子力潜水艦を運用し、日夜、原子力の安全性についてチェックしている。

原子炉内がどういう状況なのか分からないうちに、一日経ち、二日経ち、三日経ち、時間だけが過ぎて行った。

自衛隊は、原発事故に関しては、放射性物質を落とす除染作業の支援は任務として与えられていたが、原発そのものを抑え込むなどということは任務として与えられていなかった。

したがって、当然、訓練もしていない。

このような時には、得てして、世の中ににわか専門家のような人が跋扈《ばっこ》し始める。「まもなく東北地方でキノコ雲が上がる」と言い出す人までいた。流言飛語が飛び交い、中には、防衛省にまで現れて、好き勝手なことを言って帰る人もいた。


政府内では原発への対応が議論されたが、なかなか結論が出なかったが、とにかく「冷やさなくてはならない」となった。真水か、海水でいいのか、ホウ酸が必要なのか、等々議論されたが、とにかく水で冷やせとなった。

線量が高くなっている原子炉にはもう近づけないから、陸上自衛隊が空中からヘリコプターで水をかけることになった。もう時間との戦いとなった。

このヘリコプター部隊は、被曝の恐れがあり、まさに決死隊だった。しかし、決死隊を募った訳ではなく、所属している隊員が淡々と実施したのである。

三月十六日に原発に向かわせた。しかし、線量が基準値より高く、断念せざるを得なかった。しかし、もう待てない。十七日は、たとえ線量が基準値を超えていたとしても実施する覚悟で原発に向かってもらった。幸い基準値は超えていなかったので原発に水をかけることができた。だが、後日の検証結果によれば、この時すでに原子炉はメルトダウンしており、その意味で、この決死のオペレーションはメルトダウンを阻止する上では、残念ながら効果はなかったが、米軍を動かした。

日米同盟のあり方を再認識したトモダチ作戦

日本が原発の対応でもたついていた時期に、米軍のトップであるマレン統合参謀本部議長から折木統合幕僚長に電話がかかってきた。

要旨次のようなものである。

「国家、国民の生命、財産が危機に直面している時に、命をかけて守るのが軍隊、自衛隊ではないのか。なぜ、自衛隊は動かないのか？」

私は折木統合幕僚長に「これは映画『K-19』の世界じゃないですか」と言うと、「K-19って何だ？」と尋ねるので、「ハリソン・フォード主演の映画で、実話とも言われていますが、航行中のソ連の原子力潜水艦の原子炉の冷却装置が突然、故障してメルトダウンも考えられた危機的状況に対して、艦長（フォード）以下乗組員が犠牲者を出しながらなんとか押さえ込むというストーリーです」と答えた。

ともあれ、命令がないから動けないのであるが、在日米軍とその家族の問題でもあり、米軍も相当苛立っていたのである。

そして、政府の命令によりヘリコプターによる上空からの放水を行った。それを見た米軍は「遂に、自衛隊は動いた」となった。

自衛隊が放水活動を行った翌日の十八日と、連休を挟んで二十二日にも株価が上昇した。「自衛隊が動いた」ということで、米軍も全面的に動き出して、トモダチ作戦が本格的に動き出したのである。

ハワイからウォルシュ太平洋艦隊司令官が来日し、横田基地に常駐して支援活動の指揮を執り始めた。シーバーフ（CBIRF）という、生物兵器、化学兵器、放射能兵器の専門部隊も到着した。トモダチ作戦では、米軍の兵士たちが日本のために一生懸命に働いてくれた。

私は、このときに同盟の本質というものを再認識した。

日米安全保障条約第五条では、日本有事のときには米国が来てくれて日米共同で対処することになっている。しかし、自衛隊が動かない限り、米軍は絶対に来ないと確信した。当たり前といえば、当たり前である。

アーミテージ元米国務副長官は、「尖閣諸島を米軍が守ってくれるのか?」という日本人記者の質問に怒気を含んでこう答えたそうである。

「日本の兵士が米軍の前で戦っていれば米軍の兵士も戦う。日本の兵士が横で戦っていても米軍の兵士は戦う。しかし、日本の兵士が米軍の後ろにいれば米軍は戦わない」

同盟とはリスクを共有することである。

「吉田ドクトリン」の本当の意味

ここで日米安全保障体制についての私の考えを述べてみたい。

昭和二十六年に吉田総理はサンフランシスコ講和条約を締結し主権と独立を回復した。その直後に、近くの陸軍兵舎に向かい総理一人で日米安全保障条約を締結したのである。日本が主権と独立を回復するということは、国際法的にも常識的にも進駐軍は撤退しなければならない。しかし、冷戦の最中であり、朝鮮戦争中でもあったことから米国防総省は日本からの米軍撤退に反対であった。そこで一日でも早い独立と主権回復を望んでいた吉田総理は、当面は経済再建が優先だったこともあり、日本の安全保障を米国に委ねる決意をした。そこで双方の利害が一致し、日本からの要請で米軍の駐留を認める形にしたのが日米安全保障条約であり、その基本形は今も変わっていない。言い換えれば進駐軍を条約上の在日米軍として合法化したのが日米安全保障条約と言える。当時は、自衛隊は影も形もない時代である。

そして昭和三十五年に岸総理が米国の日本防衛義務を明記する等の改定を行なった。今年(二〇二〇年)はこの日米安全保障条約の改定から六十年ということになる。この当時も自衛隊の実力はまだまだのレベルである。すなわち米国による日本防衛義務を規定した第五条と米国への基地提供を規定した第六条でまさしく当時はバランスが取れていた。問題は、日米安全保障条約を取り巻く環境が大きく変化した今日においてそれが通用するかということである。二十三年前に米海軍大学の卒業論文で、日米同盟の信頼性を向上させるためには、日本の防衛上の役割を増やすべきだと書いた。この考えは今も変わっていない。政治学者の永井陽之助氏は、軽武装、経済重視の政策を「吉田ドクトリン」と呼んだが、果たしてそうなのか？

国際政治学者の高坂正堯氏も『宰相吉田茂』の中で「吉田茂にとって、国際関係にとってもっとも重要なことは、その国が富み栄えているかどうかということであった。この、いわば「商人的国際政治観」は、第二次世界大戦以前から彼の行動を色付けている。だから、第九条を交渉の道具として使ったことも、彼にとって当然のことであった」として、その「商人的国際政治観」を吉田ドクトリンの源流と捉えていた。しかし、後年、高坂氏は吉田茂から「経済中心主義の外交なんてものは存在しないよ」と言われ愕然としている。そして高坂氏も「彼は、昭和二十五年にはダレスの再軍備を断固として拒否したが、いつまでも日本の防衛を米国に大きく依存しようとは思っていなかった。彼があとから、能力に応じ、必要に応じて武装すべきであると説いたことはよく知られている事実である」と認めている。吉田茂自身が、一九六〇年代には日本人に軍事防衛の重要性をもっと説くべきだったと後悔しているのである。現在の日本の政界、官界、経済界、マスコミ界等の多くの人たちは「吉田ドクトリン」を誤解しているように思う。

次に、東日本大震災に関して、当時の政府の対応についての私の見方を述べてみたい。当時は民主党の菅内閣だったが、日ごとに参与を増やし、諮問会議、専門家会議等多くの会議体を設置された。前にも述べたが、危機になるとトップは不安にかられ、どうしても自分の周りに人を集めたくなる誘惑にかられる。しかし、これは危機対応では考えものだ。簡単に言えば、「責任の所在が分からなくなり」「話がややこしくなり」「訳が分からなくなる」のである。

繰り返すが、危機対応では、複雑怪奇はけがの元。単純明快こそ正解だと思う。

部下が判断できるように優先順位を与える

東日本大震災への対応も落ち着いてきた平成二十三年（二〇一一年）八月に、私は、自衛艦隊司令官に任命された。

自衛艦隊司令官は、海上幕僚長の次に位置づけられている海上自衛隊のナンバー・ツーのポジションで、第一線部隊のトップの指揮官である。組織が違うので単純な比較はできないが、帝国海軍で言えば、連合艦隊司令長官に相当する。

自衛艦隊司令官になることは、海上幕僚長になるよりも、ある意味で、海上自衛官冥利に尽きるということになる。

自衛艦隊司令官のときには、折木統幕長、宮下陸自西部方面総監とともに熊本県健軍駐屯地でのいわゆる「健軍会議」を開催し、島嶼《とうしょ》防衛に必要な両用戦の方向性について決定した。

この会議を契機に両用戦の研究・訓練が進められた。当初は暗中模索の状態だったが、徐々に形になっていき、平成三十年（二〇一八年）には水陸機動団が創設されるまでに至った。自衛隊における両用戦が格段の進歩を遂げたことは喜ばしい限りだ。

また、平成二十三年（二〇一一年）十二月十七日に北朝鮮の金正日《キムジョンイル》総書記が死去して、金正恩《キムジョンウン》が後継者になったことは、後々私の任務に大きく関係することになる。

一方で、いささか細かい話になるが、危機対応ではなく平常の事務処理について述べてみたい。

ある日、海上幕僚長に用事があって電話を入れた。海上幕僚長宛ての電話は副官室いわば秘書室であるが、そこが先ず電話を受ける。私が、「自衛艦隊司令官の河野だけど、海上幕僚長に用事があるのでつないでほしい」と言うと、副官は「申し訳ありません。今、海上幕僚長は……課の報告を受けていますので、かけ直して下さい」と応答した。また、別の機会に電話すると「申し訳ありません。今、部長懇談をやっていますので、後程かけ直して下さい」と応答した。部長懇談とは、各部長が海上幕僚長を囲んでする懇談のことである。ムカッときたが、感情を押し殺して「了解」と答えた。

海上自衛隊以外の組織ではどうかはよく分からないが、この副官の対応は海上自衛隊では比較的あり得る光景である。報告を受けている上司に「……から電話です」と言うと「うるさい！　見て分からんのか！　報告中だ！　後にしろ！」と怒鳴る上司がいる。そうなると副官も報告中に取り次ぐことを躊躇することになる。しかし、これでは一般社会常識を疑われることになる。

地位をちらつかせるわけではないが、自衛艦隊司令官は海上自衛隊のナンバー・ツーである。そのナンバー・ツーがナンバー・ワンに電話してきたということは、単なる〝ワイ談〟でないことくらいは誰でも分かる話だ。しかも、……課の報告、部長懇談は部内の話である。どちらを優先しなければならないか、これも常識で判断できる話だ。

そこで、私が海上幕僚長になった際には教育という意味もあり、次のように明確に判断基準を示した。

電話もしくは面会等の申し入れがあった場合、次の順番で優先せよと指示した。

「全人類マイナス防衛省・自衛隊」の人々、「防衛省・自衛隊マイナス海上自衛隊」の人々、「海上自衛隊マイナス海上幕僚監部」の人々、海上幕僚監部すなわち海幕であり、海上幕僚長の直接の部下である。要は身内は後回しにせよということだ。そこは優先度最下位である。もちろん危機対応の場合は例外だ。統合幕僚長になった際も、これを「統合バージョン」に変えて指示した。

そこで副官にクイズを出した。

「二尉の若いミサイル艇長から電話がかかってきました。しかし、海上幕僚長は、防衛部長から今後の防衛計画に関する重要な報告を受けています。さあ、あなたはどうしますか？」

正解は、二尉の若いミサイル艇長が優先である。

第八章

海上幕僚長就任——「あたご」事故の教訓

上　小野寺五典大臣とともに「おおすみ」事故に関して記者会見に臨む著者（2014年１月15日・共同通信社）。

下　「おおすみ」と衝突して沈没した釣り船（とびうお）。左下に船底が見える（2014年１月15日・共同通信社）。

伝統の継承

自衛艦隊司令官を約一年務め、平成二十四年（二〇一二年）七月二十六日に海上幕僚長に就任した。ロンドンオリンピック最中の着任だった。海上自衛隊のトップである。よくぞここまで来たものだと思った。

海上幕僚長に就任する際には勤務方針を示すのが習わしである。通常は、「精強・即応」が定番であるが、私はそれに加えて「伝統の継承」を掲げた。

陸・海・空自衛隊の特徴を表す熟語がある。陸上自衛隊は「用意周到・動脈硬化」。航空自衛隊は「勇猛果敢・支離滅裂」。そして海上自衛隊は「伝統墨守・唯我独尊」である。各自衛隊を最初に持ち上げて、次に落とすおもしろい熟語だが、当を得ているという評価がもっぱらだ。私はこの海上自衛隊を表す熟語を気に入っているし、誇りにも思っている。

一般的に、新設された航空自衛隊は別にして、陸上自衛隊は戦前の帝国陸軍とは一線を画してきた。それは、戦後の帝国陸軍に対する社会的評価も影響していたと思うが、今は大分軌道修正しているのではないかと思う。

私は、「陸軍悪玉論、海軍善玉論」という画一的な見方に与《くみ》しないが、海上自衛隊は、帝国海軍を引き継ぐ組織であることを世の中に公言してどうどうと生きてきた。私が勤務した自衛艦隊司令部の応接室には歴代自衛艦隊司令官の名前が入った銘板が掲げられているが、その横には明治期の常備艦隊司令長官、連合艦隊司令長官の銘板も掲げられているのである。また、佐世保地方総監部の応接室にも歴代総監の銘板の横には歴代鎮守府司令長官の銘板も掲げられていた。まさに「唯我独尊」である。海軍兵学校があった広島県の江田島は、今は海上自衛隊の幹部候補生学校があるが、行かれた方は分かると思うが、今でも海軍の伝統が息づいている。私は、「江田島だけは時間を止めろ」と言ってきた。

もう亡くなられたが歌舞伎界の中村勘三郎さんに関する次のような記事を読んだことがある。中村勘三郎さんは現代演劇人と新作歌舞伎を創造したり、野外に建てた仮設劇場「平成中村座」で斬新な演出を試みたりと、歌舞伎界に新風を吹き込んできた。そこで、記者が「目指すのは伝統と革新ですか?」と尋ねたところ勘三郎さんはすぐさま「伝統と、もっと伝統です」ときっぱりと答えたそうである。

一方、明治期人気を博していた川上音二郎の新作に脅威を感じた九代目市川團十郎が取った選択も伝統回帰だ。

新機軸を打ち立てることは、伝統を壊すことではない。伝統の上に打ち立てるものだ。伝統を大切にし、継承している組織は土台がしっかりしていると思う。

近代海軍という観点で見れば、勝海舟、坂本龍馬、榎本武揚まで行き着く。これら先人が築き上げた海軍の伝統は日本の財産だと思っている。それを継承できる組織は、現代では海上自衛隊しかいない。海上自衛官は「精強・即応」で任務を完遂することが求められているが、海軍の伝統を継承していくことも大きな使命だと考え、それを隊員にも訴えてきた。

海上自衛隊五十周年記念行事関連で、「軍艦マーチ」があるにも関わらず、「海上自衛隊公式行進曲」を作ろうとしたことに反対した理由もここにある。「スマートで、目先がきいて、几帳面、これぞ船乗り」というキャッチフレーズがある。これも帝国海軍の伝統である。個人的には自分とは正反対なのでこれには正直あまり親近感を覚えなかったが、同じく伝統である「左警戒、右見張り」はいつも心していた。一方に偏ることなく、大局を見ろということである。

広瀬中佐と佐久間大尉

私が、昭和五十二年に江田島の幹部候補生学校にいた時、各分隊の自習室の正面には三人の写真が掲げてあった。向って左から広瀬武夫中佐、東郷平八郎元帥、佐久間勉大尉である。東郷元帥は日本海海戦を勝利に導いた不動の名提督である。広瀬中佐、佐久間大尉は帝国海軍が軍神と認めた海軍士官であるが、おそらくあまり知られていない。しかし、戦前は子供でも知っていた。

帝国海軍はなぜ彼らを軍神としたのか？　ここに我々が引き継ぐべき伝統の価値が潜んでいるので簡単にお話したい。

先ず、広瀬中佐は慶応四年に大分県竹田に生まれた。海軍兵学校を卒業し海軍士官の道を歩んだが、その間ロシア駐在武官も務めている。その際にロシア女性と恋仲になったことは有名なエピソードである。日露戦争が勃発したが、海軍としては大きな問題を抱えていた。日本陸軍が中国大陸でロシア軍と激闘を演じており、日本海の制海権をロシアに奪われれば大陸にいる日本陸軍は孤立し、日本敗北は必至である。ロシアはバルチック艦隊を編成しヨーロッパから日本に向かわせている。さらに極東地域には遼東半島の旅順にロシアの旅順艦隊がいて、それがバルチック艦隊と合流すると、日本の連合艦隊としては厳しい局面に立たされる。

旅順艦隊は神出鬼没でなかなか捉えることが出来なかったため、艦隊を旅順港に閉じ込め動けないようにする作戦を立てた。艦隊を閉じ込める手段として湾口に船を爆沈させて港を封鎖することを考えたのである。これを「旅順港閉塞作戦」という。

この作戦に指揮官の一人として広瀬中佐は参加した。閉塞船「福井丸」を指揮し、ロシアの砲弾が飛び交う中、「福井丸」に爆薬を設置し、全員カッター（小型手漕きボート）に乗り移り、脱出するため人員を確認したところ杉野孫七兵曹長の姿が見えない。そこで、広瀬中佐は「福井丸」に舞い戻り、杉野兵曹長を捜索するわけである。その様子は、文部省唱歌「広瀬中佐」に次のように歌われている。「轟く砲音、飛来る弾丸、荒波洗う、デッキの上に、闇を貫く、中佐の叫び、『杉野は何処、杉野は居ずや』」「船内隈なく、尋ぬる三度、呼べど答えず、さがせど見えず……」ついにあきらめた広瀬中佐はボートに乗り移り、他の者と脱出するが、その直後直撃弾を受けて戦死する。

広瀬中佐は、立身出世の人ではない。「旅順港閉塞作戦」も結局は失敗だった。ではなぜ帝国海軍は広瀬中佐を軍神としたのか、それは「船内隈なく、尋ぬる三度」、この行為を高く評価したのである。このように命を顧みず部下を大切にする、これぞ指揮官の鏡としたのである。軍賛美でもなければ、軍国主義とは何の関係もない。指揮官のあるべき姿だ。

戦前は、万世橋に広瀬中佐と杉野兵曹長の銅像があった。しかし、進駐軍ではなく、進駐軍に気を使った日本人が壊したそうである。何とも情けない話だ。

佐久間大尉は、明治十二年、福井県三方郡に生まれている。海軍兵学校を卒業後、日露戦争に従軍した後、潜水艇の道を進んだ。明治四十三年四月十五日に佐久間艇長以下十四名乗り組みの第六号潜水艇は、山口県新湊沖で半潜航の訓練を開始した。当時の日本は九隻の潜水艇を保有していたが、七隻は米国・イギリス製で、六号潜水艇は国産最初のものだった。そのため戦力化に力を入れていたのである。ところがこの訓練中に事故が発生し、潜水艇は海底に沈んでしまった。深度は約十五・八メートルである。

遭難二日後の四月十七日に潜水艇は引き揚げられた。その時、遺族も遠ざけられ、ごく一部の関係者以外艇内への立ち入りを許されなかった。なぜなら、欧米においても潜水艇の沈没事故が何回か起きており、ハッチを開けると我先に逃げようとハッチに殺到する乗組員の悲惨な姿がある前例があったため、海軍側が遺族にそのような光景を見せまいとした配慮である。

ところが、ハッチを開けると、そこには誰の姿も見えず、佐久間艇長以下十四名全員がそれぞれの持ち場で息絶えていたのである。さらに日本全国いや世界に感動を呼び起こすことが判明する。光もわずか酸素も切れかかっている中で佐久間艇長が遺書を記していたのだ。要旨次のようなものである。「陛下の艇を沈め、部下を殺すことになったことに対する謝罪」「部下の働きへの感謝と賞賛」「この事故が潜水艇研究発展の妨げにならないことを願う」そのため「沈没の原因」を詳細に綴った。そして最後に「部下の遺族への救済のお願い」である。

文豪夏目漱石もこの遺書に驚嘆し「文藝とヒロイック」という一文を書いた。また、反戦平和の歌人といわれた与謝野晶子も「海底の　水の明りにしたためし　永き別れの　ますら男の文」など挽歌十首余りを詠み、佐久間艇長を追悼した。米国でも、キャピトル・ヒルの大広間のガラス戸棚に佐久間艇長の遺言のコピーとその英文が丁重に展示されたということである。英国海軍においては、現在でも教訓として生かされている。

このように佐久間大尉も立身出世の人でもなければ、ある意味沈没事故の責任者である。しかし、帝国海軍は広瀬中佐と同じく指揮官としての使命感と部下を思う強い気持ちを高く評価し、指揮官の鏡としたのである。

軍賛美でもなければ、軍国主義とは何の関係もない。

私は、この二人の海軍士官を誇りに思うし、その伝統・思いを引き継いでいかなければならないと思っている。そのことを後輩にも託したい。

「たちかぜ」いじめ事件

私が海上幕僚長に就任する直前に、護衛艦「たちかぜ」いじめ事件のアンケート隠蔽問題が発覚した。

「たちかぜ」いじめ事件は、平成十六年（二〇〇四年）に起こったものである。護衛艦「たちかぜ」に乗っていた二十一歳の乗組員が、素行の悪い二曹からいじめられ、それを苦に自殺した事件だ。そのときの調査で、海上自衛隊はいじめと認定しなかった。

当時、私は当事者ではなかったから、口には出さなかったけれども、なぜ「いじめではないのか」と海上自衛隊の対応に疑問を持っていた。

いじめた二曹は、海上自衛隊にいてもらっては困るような人間だった。別の乗組員たちにも暴行・恐喝を働いて有罪判決を受け、結局、懲戒免職処分になっている。こんな、とんでもない男をなぜかばうのか、不思議でならなかった。

海上自衛隊は、いじめ事件の起こった平成十六年に「たちかぜ」の乗組員からアンケートを採ったが、「アンケートは破棄した」と回答していた。

ところが、平成二十四年（二〇一二年）に、アンケートが破棄されていなかったことが発覚し問題化したのである。

そこで、「たちかぜ」いじめ事件の対応にまず取り組んだ。

事件が発覚したのが平成十六年。刑事裁判で、常習的ないじめと認定されたのに、海上自衛隊は沈黙を通した。私の経験から簡単に言えば、「いじめ」は、「いじめ」られた側が「いじめ」と感じれば「いじめ」である。これはセクハラにも共通する。

海上自衛隊の姿勢に不信を感じたご遺族は、国とその二曹に対して、民事訴訟を起こした。

民事訴訟においても、平成二十三年の横浜地裁判決で、いじめと認定された。さらに、平成二十六年の東京高裁判決でも認定され、損害賠償額は大幅に増額されて国が敗訴した。国は上告せず、海上自衛隊に責任があるという判決が確定した。

この確定判決を受けて、私は宇都宮に住んでおられたご遺族に制服を着て一人で謝罪に出向いた。お父様は「海上自衛隊との戦い」の最中に亡くなられ、自宅ではお母様とお姉様そしてそのご主人に迎えて頂いた。ご仏壇に手を合わせた後、全く弁解の余地がないと、海上自衛隊の今までの対応を謝罪した。それがトップの務めであり、トップにしかできないことだ。

その結果、公務死と認定されることになり、翌年の市ヶ谷での殉職者慰霊祭で祀られることになった。そこにお母様とお姉様が姿を見せられた。ご遺族は翌日の自衛隊記念日行事に招待することになっていた。その年は私が執行者である観艦式だったが、「私たちも見に行きます」と言って下さった。謝罪に出向いて本当によかったと思った。

いじめを止めなければ「強い軍隊」にはなれない

海上幕僚長就任以降、私は機会を捉えて各部隊、学校等を視察したが、プロローグでも述べたとおり、主たる目的は私の考えを隊員に直接伝えるためだ。そのテーマの一つが「いじめ」の防止だった。

いじめは、有史以来、人間が三人集まると必ず起こると言われている。人間とは恐ろしいもので、はじめのうちは、当人はいじめの意識がなくても、相手が抵抗しないと段々とエスカレートし、面白くなってくる。そのうち快感となり、病みつきになる。そして、相手を死に至るまで追い詰めることになる。

「いじめ」はおそらくなくならないであろう。しかし、抑制することはできる。

私は隊員に対して、「いじめ」において一番悪いのは「いじめ」た奴である。次に悪いのは、周りで見て見ぬふりをした奴である。「いじめ」た奴も、周りで見て見ぬふりをした奴もともに「卑怯者である！」と絶叫した。

「卑怯者」で強い「軍隊」が創れる訳がない。「いじめ」を見かけたら「弱い者いじめはやめろ！」「卑怯なまねはするな！」と止めに入る組織文化でないと精強な「軍隊」は決して育成できないと確信している。

薩摩の郷中《ごじゅう》教育（薩摩藩の武士階級子弟の教育法）を実践している鹿児島のある小学校が、郷中教育を表す言葉として、三つの言葉を上げている。

「負けるな」

「嘘を言うな」

「弱いものをいじめるな」

これだけである。しかし、これによって、西郷隆盛、大久保利通等の維新の英傑が生まれたのである。

中国軍艦からの火器管制レーダー照射

私が海上幕僚長のときは、日中関係が非常に厳しい時代だった。

東京都の石原慎太郎知事が、平成二十四年（二〇一二年）に尖閣諸島を地権者から買い取る方針を示し、それに対して中国は猛反発した。

野田佳彦政権は、東京都の購入に先んじる形で同年九月十一日に、尖閣三島（魚釣島、北小島、南小島）を購入して、国有化した。

しかし、国有化を受けて中国はさらに激しく反発し、尖閣諸島周辺海域が一気にホット・スポットとなった。

中国は、中国海警局（日本の海上保安庁に相当）の公船が領海や接続水域に頻繁に侵入してきた。これに対し、日本は公船には公船で対応すべく海上保安庁の巡視船が前面に立った。その周辺海域には必ず中国軍艦が展開していたので、これには海上自衛隊が対応した。この状況は基本的には今も変わっていない。

ただ、今は、中国海警局は中央軍事委員会の下にある武装警察の隷下にあり、実質的には軍事組織となっている。そのトップは海軍少将である。

尖閣諸島を巡って日中の激しい対立が続くなか、平成二十五年（二〇一三年）一月に、中国の軍艦が日本の護衛艦「ゆうだち」に対して火器管制レーダーを照射してきた。日本の哨戒ヘリコプターに対しても中国はレーダー照射を行った。

火器管制レーダーとはミサイル等を発射する際にレーダーを目標に照射してデータを解析し、準備よければロック・オンということになる。そして、ミサイルを発射すれば、ミサイルが壊れていない限り命中することになる。

したがって、多くの国が火器管制レーダーを照射すること自体が攻撃行為であり、自衛権を発動できるとしている。しかし、日本は自衛権の発動を極めて抑制している。この時も隊員は反撃せずに冷静に対応して、火器管制レーダーから回避している。今後もこのような緊迫した場面に遭遇することは十分考えられる。

火器管制レーダー照射が、中央からの指示なのか、現場の判断なのかは未だに分かっていない。

翌平成二十六年（二〇一四年）四月、二年に一回行われる西太平洋海軍シンポジウムが中国の青島《チンタオ》で開催された。中国海軍がこのシンポジウムを主催するのは初めてのことである。このシンポジウムは、アジア太平洋地域の海軍トップが一堂に会する貴重な機会であり、シンポジウムと並行して二国間の会談もセットされる。

この時も日中関係は厳しさを増していた。中国海軍は、このシンポジウムにあわせて、国際観艦式を併せて実施することにしていたが、日本だけを外すという露骨なことをやってきた。

このような中での海上幕僚長の訪中である。マスコミの注目度も高く、ＮＨＫは昼のニュースのトップで私が成田空港から青島に向かう様子を私へのインタビューも交えて放映した。

当時の中国海軍トップの海軍司令員は呉勝利大将で十年ほど海軍のトップを務めていた。名前が私と同じ「カツトシ」と読めるからではないが、強面だったが嫌いではなかった。日中関係が厳しいこともあり、日本のマスコミもこのシンポジウムでの私と呉大将との接触に注目していた。「会議中、両者は目も合わせませんでした」と報道した番組もあったが、訪日経験もある呉勝利大将とは実際にはそんなに険悪なムードではなかった。

このシンポジウムでは、ＣＵＥＳ（海上衝突回避規範）が中国を含む二十一カ国の全会一致によって合意された。海上での偶発的な衝突を防ぐ約束事だ。

それまで中国が、英語で書いてあると自分たちに不利であるとして、反対して成立しなかったＣＵＥＳだったが、自分たちが主催するシンポジウムで方針を転換した。この合意は地域の平和と安定にとって非常に大きな成果であった。

その後、日中間で海空連絡メカニズムが合意されたが、ＣＵＥＳはその基盤になっている。そして、参加者全員が当時の郭伯雄中央軍事委員会副主席（制服組トップ）に「謁見」することになった。受けた印象はそれほどの人物に見えなかったが、その後ほどなく不正行為で逮捕されてしまった。

シンポジウム最後の催しは、呉勝利大将主催の夕食会である。円卓が数台並べられた会場で、私はなぜか米国とともに呉勝利大将と同じ円卓に座ることになった。宴もたけなわとなり、呉大将がそれぞれの円卓を回り、あの強い酒である「白酒（パイチュウ）」を注いで回った。私のところへ来たとき「おまえとは十歳年が違う。中国では年の差の分だけ若い者が飲むのが習わしだ。本当は十杯だが、今日は五杯にまけてやる」と言った。そんな習わしが中国に本当にあるのかどうか知らないが、私は酒が嫌いでもないので、呉大将の前で一気に五杯飲み干した。

夕食会が終わり、ホテルに帰るとロビーで米海軍トップのグリナート大将とばったり会った。彼曰く、呉勝利が「河野とはおそろしい奴だ」と言っていたそうである。呉勝利氏のこのコメントについては、私も真意を測りかねていた。

ただ、ある新聞記事によって呉氏が私のことを一目おいてくれていることがわかった。私が統合幕僚長に就任した二〇一四年十月、中国軍の機関紙、解放軍報が私の統合幕僚長就任を一面で報じた。北京特派員をしており中国軍に人脈がある朝日新聞編集委員の峯村健司氏は私の記事について「自衛隊の統合幕僚長人事が解放軍報の一面に載ることは異例で、呉氏の一声で掲載が決まった」と語った。

「あたご」の教訓が生きた「おおすみ」事故

平成二十六年(二〇一四年)一月十五日に、広島湾において、輸送艦「おおすみ」がプレジャーボート「とびうお」と衝突する事故が発生した。「おおすみ」は点検整備のため岡山県の三井造船玉野工場に向かっていた。

「おおすみ」はすぐに救助活動に取りかかり、プレジャーボートの乗員乗客四名全員を急いで病院に運んだが、残念ながら船長と乗客一名の二名の方が亡くなられた。発生時間帯の違いはあったが、民間人を巻き込み、しかも民間人に死者が出るという意味では「あたご」の衝突事故と完全に同じケースである。

幸か不幸か、私は防衛部長として「あたご」衝突事故に遭遇し、私なりに教訓を得ていたので、これを踏まえて事故対応に当たった。

先ず、関係者を集めて、次の事項を指示し、徹底した。

第一に、司令塔は私である。情報発信は一本化する。その内容も「海上自衛隊は事故の当事者であり、今後海上保安庁の捜査に全面的に協力します」。これだけ。

第二に、事故対応は、現体制でやる。増強要員などいらない。

第三に、海上保安庁の了解が得られれば、予定通り「おおすみ」は三井造船玉野工場に向かわせ、乗組員の外出は認める。事故対応はしつつ、通常の業務はしっかりやれということだ。

事故対応の会議も私の部屋で、必要最小限しか実施しなかった。

そして、予想通りマスコミによる海上自衛隊への非難合戦の火ぶたが切って落とされた。そして、号砲が鳴り渡った。

そこで生存された方のインタビューが連日流された。その内容は「釣り場に向っていたら、突然『おおすみ』が後ろから突っ込んできた。全く気付かなかった」。このインタビュー内容を海上保安庁ＯＢに聞かせ、コメントを求めた。その方は「それが本当なら非は完全に『おおすみ』にあります」とコメントされた。それが事実なら、私も全く同感だ。だが、私の経験から言って「おおすみ」が前方にいるプレジャーボート目がけて突っ込んでいくという、自分の首を絞めるようなことをするはずがないと確信していた。

数日後、小野寺防衛大臣と私は船長の葬儀に参列するため広島に向った。私は、船長の奥様に「ご主人がお亡くなりになられ誠に残念です。心からお悔やみ申し上げます」と述べた後、次のように付け加えた。

「今、海上保安庁が捜査しておりますので、事故の原因、責任の所在については、その結果を待ちたいと思います。どうかご理解下さい」

この線から一歩も超えなかった。その時、奥様には理解して頂いたと私には思えた。しかし、後日、「なだしお」衝突事故以来、海上自衛隊を糾弾することをライフワークにしている弁護士とともに民事訴訟を起こしているとのことである。

そうなると、海上自衛隊ＯＢから、「言われっぱなしでいいのか？　少しは反論したらどうだ」と言う声が私のところへも届くようになった。

そのような中で、大臣室で小野寺大臣、政務三役、内局、海幕の関係者による今後の対応についての会議が持たれた。「マスコミから言われっぱなしでいいのか。実際はこうであったと説明すべきではないか」という意見も出されたが、私は「当事者である海上自衛隊は絶対に動くべきではありません。捜査に協力します一本ヤリでいくべきです」と進言した。

小野寺大臣には「じゃあ、それで行こう」と認めて頂いた。原因が分かってない段階では「あたご」の時のような見舞金を出さないことも決めた。

じっと我慢していると、段々と客観情勢が判明してきた。船のＡＩＳ（自動船舶識別装置）の信号を解析すると、両方の航跡が明らかになり、プレジャーボートの生存者の証言とは矛盾するものだった。また、事故現場が一望できる阿多田島山頂にたたまたまいた人が事故の一部始終を目撃していたのだ。その方の証言によると「『おおすみ』が航行していると、プレジャーボートが高速で『おおすみ』の左弦から近づいて来て『おおすみ』の直前を突っ切ろうとした。そうすると『おおすみ』は汽笛を何回も鳴らし、回避するため右に回ろうとした」

それでもマスコミは歩いている船長の奥様に「ご主人は自衛隊が言っているような無謀な操縦をする人ではありませんよね？」と執拗《しつよう》に質問し、それに対し奥様は「そんな無謀なことをするような人ではありません」と答えるシーンを流していたが、我々は「船長が無謀な操縦をした」とは一言も言っていない。

海上自衛隊へのマスコミの批判報道も三日くらいで下火となった。

後日、広島地検はプレジャーボートの進路変更が事故の原因として、「おおすみ」の艦長と航海長を不起訴処分にした。海上自衛隊としては、事故を起こした以上、関係者に対し相応の処分はしたが、「あたご」の時のような「大獄」ではない。

「おおすみ」の衝突事故が起こったとき、ＯＢを中心に「今度こそ、さすがに河野も終わりだ。もう辞任だ」と思った人が多かったようだ。

確かに「なだしお」事故のときには、防衛庁長官が辞任され、海上幕僚長は退官後も事故を背負い続けられたと聞いている。「あたご」事故のときには、海上幕僚長以下の大量処分者を出し、海上幕僚長は「自己都合」という形で退官された。

民間人二人が亡くなるといういたましい結果ではあったが、海上自衛隊へのダメージは避けることができた。事故対応すなわちダメージ・コントロールの重要性を再認識した。

なお、今回は海上保安庁との関係が終始良好だったことは言うまでもない。

第九章

統合幕僚長の四年六カ月

上　外国特派員協会にて講演（2017年５月23日）。このとき自衛隊の憲法明記について「一自衛官としてありがたい」と述べたことが問題になった（共同通信社）。

下　北朝鮮問題などで頻繁に連絡を取り合った。左から、ハリー・ハリス太平洋軍司令官、ジョセフ・ダンフォード米軍統合参謀本部議長、筆者、ドーラン在日米軍司令官。スクリーン中央は李韓国合同参謀本部議長。日米韓参謀総長会談（2016年２月10日）。

指揮官はいつも上機嫌でなければならない

平成二十六年（二〇一四年）十月十四日、私は第五代統合幕僚長に就任し、自衛隊制服組のトップとなった。何度も言って恐縮だが、よくぞここまで来たものだと思う。トップになった以上、トップの在り方について考えてみた。その際に渡部昇一上智大学名誉教授の著書『ドイツ参謀本部』は参考になった。

明治陸軍は当初フランスから学んだ。『坂の上の雲』に登場する秋山好古は騎兵戦術を学ぶためフランスに留学している。ところが普仏戦争でプロシアが勝利するとフランスからプロシアに乗り換えた。ドイツは、プロシア時代から参謀本部という組織をつくり、名参謀を育成してきた。そこで明治陸軍も、プロシアのモルトケ参謀総長の推薦するメッケル少佐を教官として招聘して学んでいる。メッケル少佐は教務の一環として関ケ原の戦いの東西の陣容図を見て、西軍勝利を確信したが、結果は東軍勝利だった。何故か分からなかったメッケルが理由を尋ねると、原因は裏切りであることが分かり納得したという話は有名である。

ところが、優秀な参謀たちがたくさんいたにもかかわらず、ドイツは第一次世界大戦で敗北した。

ヒトラーが出てくる前の最後の参謀総長だったゼークトに、そのことについて問うた人がいる。

ゼークトは、「参謀本部はこれという間違った作戦をやっていない。ただ、上手くいかなかったのは、司令官が途中でおたおたしたところである」と述べたという。つまり、ドイツ陸軍は完璧なる理想的な参謀をつくることには成功したが、司令官すなわち指揮官をつくることには失敗したわけである。

ではどうしたらいい司令官ができるか、と問われて、ゼークトは「それは分からない」と答え、ただし、これだけは言えるとして、「いつでも上機嫌でいる」ことと「朗らかな気分を維持できる人」が司令官にとっては一番重要であると指摘したのである。

人それぞれ理想の指揮官像を持っていると思うが、このゼークトの言葉は、ある意味真理をついていると思う。

帝国陸海軍も同じようなことが言える。

特に、ドイツから学んだ帝国陸軍では、エリート養成機関である陸軍大学校卒業者の人事は陸軍大臣ではなく、参謀総長が実施した。指揮官よりもどちらかと言えば参謀が先行した。場合によっては参謀が実質指揮権を行使する場面も見られた。やはり優秀な指揮官を養成することに失敗したのではないか。日清、日露戦争では陸海軍ともに優秀な指揮官が活躍している。彼らは戊辰戦争、西南戦争をかいくぐってきた人たちだ。ダグラス・マッカーサー元帥は、日露戦争当時、観戦武官である父親とともに来日している。その際に大山巌元帥、乃木希典大将にも会い感銘を受けている。その彼が第二次世界大戦時の日本軍人と比較して同じ国の軍人とは思えないと述べたという。どうも明治期以降の軍隊教育はドイツの轍《てつ》を踏んだと言えなくもない。

前に述べたように、各幕僚長は卒業を控えた防大生に講話をすることになっている。私はその中で必ず「指揮官を目指すべきこと」を述べている。防大の卒業生は配置として参謀すなわち幕僚の配置はほとんどの者が経験する。だから、「自分は優秀な幕僚を目指します」というのは自衛官の目標としては少しおかしい。幕僚配置は、あくまで優秀な指揮官を目指すための通過点と心得るべきだ。

私が上機嫌で、明るい指導者としてすぐに思い浮ぶのは米国のレーガン大統領だ。レーガン大統領はその持ち前の陽気さで米国国民を引っ張った。

コリン・パウエル元国務長官の著書の中に次のような場面が出てくる。バブル期に米国の象徴の一つであるニューヨークのロックフェラー・センターが日本に買い取られる状況になった時に、ホワイトハウスで沈痛な議論がされていたところ、レーガン大統領は「米国が高く買われることはいいことではないか」と述べたという。それをパウエル氏はこれこそトップの見識として高く評価していた。

また、レーガン大統領はSDI（戦略防衛構想）、いわゆるスターウォーズ構想をぶち上げた。それまでは、MADと呼ばれる「相互確証破壊」が核戦略の常識だった。この考え方は、米ソの都市をお互い裸の状態、つまり無防備に相手にさらけ出すことによって、相互の核攻撃を抑止しようとするものである。「恐怖の均衡」と言われた。ところが、レーガン大統領は、自分は米国の大統領なのに、なぜ米国国民を核攻撃の脅威に丸裸でさらさなければならないのか、と強烈な疑問を突き付けた。著名な核戦略家たちも、ソ連首脳陣も腰を抜かした。SDI構想そのものは結局実現しなかったが、これが今の弾道ミサイル防衛につながっている。また、このSDI構想がその後のソ連崩壊の導火線となった。まさにレーガン大統領は明るい最高司令官であり、偉大なる常識人だ。

部下に任せるものは任せる

私は、階級が上がるにしたがって、「部下に任せるものは任せる」という方針で仕事をした。

どこの社会でも同じだと思うが、ポジションが上がるにしたがって守備範囲は広がっていく。若い時は守備範囲が狭いので、とにかく細かいところまで目を配り、その配置を極める意気込みで仕事をすべきだ。私などは若いころに「河野は護衛艦の通信士（最初に護衛艦に配属されたときに割り当てられる典型的な仕事）はできないが、海上幕僚長は出来る」と言われたが、これは我ながら如何なものかと反省している。

階級が上がると守備範囲が広くなり、部下も多くなるし、責任も重くなる。それを若いころの仕事のやり方で通すと、細かいことに引っ張られ、大局を見失うことになる。階級が上がるにつれて、仕事のやり方は変えていかなければいけない。

ところがやり方を変えられない人が結構いる。当然、守備範囲が広くなれば、簡単に言えば、見る書類も増えてくる。決裁する書類も増えてくる。そこで、細かいところまで自分で見ようとすると、デスクに未決の書類が山のように積まれることになる。防衛班員の頃、上司は未決の書類を堆《うずたか》くつまれている方だった。決裁を受けようと書類をその上司に持っていくと「ウ～ン」とうなられて、そのまま取り合えず未決の箱に積まれた。それが続くと私の書類はだんだん下に埋もれていくことになる。そうなると私の仕事は、早く見てもらおうと未決の書類の山から自分の書類を上司に気付かれずにそーっと抜き出し、山の上に置き直すことになる。このような組織が効率的に回るはずがない。

人間の能力の平均を十とすると、八から十二くらいまでの差はあるかもしれないが、二十とか二の人はあまりいないと思う。

となれば階級が上がって守備範囲が広がっても、自分の能力がそれに比例して伸びない以上、「部下に任せられるものは任せる」というやり方に変えなければやっていけないのが道理である。特に、組織のトップは、細かいことに気を取られて、大局を見失ってはならない。

そこで大事なのが、何が任せられて、何が任せられないのかを判断する能力だ。これは、自己の経験、修養、勉強がすべて集大成されたものの上に築かれると思う。前にも述べたが読書しているか、いないかも大きな差となって出て来るように思う。

トップは、いつが「ここ一番」であり、「いざ鎌倉」かを見極め、その際は躊躇なく先頭に立つ覚悟が必要である。

江戸後期の儒学者の佐藤一斎は「大臣の職務は、仕事でいちばん大切なところだけをだいたい押さえておけばよい。日常の細かい事柄は、従来のやり方に依拠することもできる。ただ大臣の重要な職務は、人の言いづらいことを語り、人の処理が難しい事柄を処理する点にある。このようなことは一年間に数回にすぎないほどだ。従って、平素から細かいことに関わりあって疲れ、心を乱すことがあってはならない」（『言志四録』）と言ったそうである。

私は、この言葉を肝に銘じていた。

例えば、先に述べた「いじめ」事件の犠牲者のご遺族への謝罪がこれに当たる。トップが謝罪に行かなければ何の意味もない。トップにしか出来ないことなのだ。

「資料は少なく」「会議は短く」「電話も短く」

私の仕事のモットーは、「資料は少なく」「会議は短く」「電話も短く」である。

私は、頭を常にクリアにしておきたかったので、これを貫いた。資料、書類は部下が持っているわけであり、自分が持つ必要はないと思っていた。

私が四年六カ月の統合幕僚長勤務で使ったノートは実質大学ノート一冊。しかも、我ながら恥ずかしいが、大きな字で書かれているので、実質は大学ノート三分の一冊だろうと思う。若いころの上司は、大学ノートに細かい字で丁寧に書き込み、新聞記事も丁寧に張り付け、私からすればその大学ノートは芸術品のように見えた。東条英機大将はメモ魔だったそうだが、その意味で私は対極にある。ただ、これはやり方の問題であり、いい悪いの問題ではない。

統合幕僚長をはじめ各幕僚長は、外国の軍のトップの招待を受け海外出張する機会が多い。また、こちらが招待して外国の軍のトップをお迎えすることもある。私は仏教徒だが、世界はキリスト教、イスラム教の人たちも多い。外国の要人と話をする際に、宗教の知識は必要だと考え、旧約聖書のヨブ記、出エジプト記、創世記に関する本も買い込んだ。

サウジアラビアの駐日大使からコーランの日本語版を頂いたが、コーランについてもある程度は知っておかなければならないと思った。最近は、イスラム諸国の軍との交流も多いからだ。

私が、海上幕僚長の時代、サウジアラビアの海軍司令官を日本に招待した。海軍司令官は東京滞在中、雪と地震を生まれて初めて経験し、戸惑いとともに貴重な経験ができたと喜んでいた。

在日サウジアラビア大使館で、大使主催の夕食会が催された際に、海軍司令官に「スンニ派とシーア派はどう違うのですか?」と聞いてみた。すると彼から「だから、あなたは異教徒なのだ」と言われてしまった。サウジアラビアは言わずと知れたスンニ派の大国である。よく考えると、彼らにとってシーア派などこの世に存在しないのである。

指揮官の覚悟

私のリーダー論はシンプルである。

一　組織に対して目標を明確に示す。
二　その目標を達成する強い意志を持つ。
三　結果に対して責任を取る。

この三つのうち、何が一番大事かと問われれば、三番目の「結果に対して責任を取る」である。

先にも述べたが、テクニカルなことは部下に任せればいいし、部下の方がよく知っている場合が多い。軍隊の司令部組織は、通常、「総務・人事」「情報」「作戦運用」「後方支援」「政策・防衛計画」「指揮通信システム」「医務・衛生」「法務」に分かれて幕僚組織が編成され指揮官を補佐する。非常に機能的に作られている。

しかし、いくら優秀な幕僚組織を備えていても、彼らに「覚悟」を求めることはできない。三番目の「結果に対して責任をとる」ということは、指揮官が覚悟を持つということである。指揮官の根本は突き詰めると覚悟だと思う。これは一般の社会にも共通することだろう。

米軍最高幹部から贈られた「武運長久」の日章旗

平成二十七年(二〇一五年)七月、私は、当時の米軍トップのデンプシー統合参謀本部議長の招待を受け、米国を公式訪問した。

この訪問で、私は幸運にもホワイトハウスで当時のバイデン副大統領への表敬の機会を与えられた。自衛官が米国の副大統領を表敬訪問したことは初めてのことだ。それくらい、米国にとって自衛隊を重視していることの現れだろうと思った。

ホワイトハウスに向かう前はノースカロライナの海兵隊キャンプ・レジューン基地で研修を行っていたが、ワシントンへ向かう米軍機が故障したので代替機を今呼んでいるとのことだった。これでは、副大統領表敬はギリギリの時間だった。代替機が到着し、キャンプ・レジューンを飛び立ちワシントン郊外のアンドゥース空軍基地に到着すると、今度はオバマ大統領が国内視察のため出発するので、大統領機が飛び立つまでは一歩も外に出たら駄目だという。これでは、せっかくの副大統領表敬もキャンセルだと思っていたところ、ホワイトハウスから連絡があって待っているから、来いという。予定より遅れたが、バイデン副大統領は上機嫌で迎えてくれた。

バイデン副大統領は「日本の自衛隊トップであるあなたと米国の副大統領である私とが会うこと自体が中国への強いメッセージになる。」「副大統領と国家副主席の関係だったこともあり、習近平国家主席のことは自分が一番よく知っている」という趣旨のことを言われたと記憶している。

デンプシー議長は、日米で幕僚も交えての「戦略対話」をやりたいとのことだったので、ワシントンの国防大学で「戦略対話」を行った。その中で、二〇一四年にロシアがウクライナ領クリミアを編入したこともあると思うが、デンプシー議長は「米国の最大の脅威はロシアである」と明言していた。日本にとっては、中国と東シナ海で対峙し、活発に海洋進出している中国が第一の脅威であるというのが日本人全般の肌感覚だと思う。日米同盟は日本の安全保障の根幹なので、日米のこの脅威認識の違いは今後埋めていかなければならないと感じたが、今では、米国にとっての第一の脅威は明確に中国となった。

私が米国を公式訪問した年の秋に統合参謀本部議長がデンプシー陸軍大将からダンフォード海兵隊大将に交代した。私が、デンプシー議長にとっては最後の公式招待者になったわけだ。

その後、ダンフォード議長とは、何度も会っているし、電話でのやりとりも頻繁にした。三年半にわたるカウンターパートであったため、気心も知れていた。

統合幕僚長として最後に訪米したときには、ダンフォード議長が官舎で夕食会を開いてくれた。

夕食後、「ちょっと待ってほしい」と言われて、二階から何か持参してきた。それは戦時中の日章旗だった。「武運長久《ぶうんちょうきゅう》」と大きく書かれた周りに寄せ書きがなされ、「突撃」の文字もあった。昭和十九年四月六日のものであり、突撃前の日本軍のある部隊によって書かれたもののようだった。この日章旗はダンフォード家で受け継がれてきたもので、「これをあなたに託したい」と言いながら私に手渡してくれた。特に、北朝鮮情勢が緊迫化する中、お互いともに戦ったという連帯意識があった。まさにダンフォード議長は戦友だ。

この日章旗は大切に我が家で保管している。

一方で、日露の防衛交流についても述べてみたい。安倍政権が北方領土交渉の進展を試みたことは周知のとおりである。二〇一四年のロシアによるクリミア併合に際しても欧米諸国に比べ経済制裁のレベルは低かった。これは北方領土もさることながら中国、ロシア、北朝鮮という脅威に対抗する上での戦略的アプローチであったと思っている。したがって、当時は日露の防衛交流も進展しており、相互訪問等を通じてゲラシモフ参謀総長との個人的な関係も深めることができた。ウクライナ戦争のニュースを観るたびに彼の立場と心情をついつい考え込んでしまうのである。

「ハリスさん」と「カワノサン」

日米同盟関係の中で、私はカウンターパートに恵まれた。

作戦運用という観点からは、統合幕僚長のカウンターパートは米太平洋軍司令官である。その太平洋軍司令官は、ハリー・ハリス海軍大将だった。彼とも良い緊密な関係を築くことができた。相手を呼ぶときには「ハリスさん」「カワノサン」と、お互いに日本語だった。

余談だが、私はいくら親しくてもお互いをファーストネームで呼び合う欧米流は好きではない。日本人がそれをやると何か不自然さを感じるのである。もちろんファーストネームで呼び合うことが悪いと言っているのではない。自分には合わないと思っているだけである。ダンフォード統合参謀本部議長との間も「ダンフォードさん」「カワノサン」である。

ハリス大将は私より二歳年下だが、米軍の人たちからも「あの二人はよく似ている」と言われていたが、ウマが合う仲だった。

私が海上幕僚長のときにはハリス大将は太平洋艦隊司令官を務めており、その時もカウンターパートだった。統合幕僚長のときには彼は太平洋軍司令官になり、二配置続けてカウンターパートになったわけである。

前にも述べたが、統合幕僚長の戦略レベルのカウンターパートはワシントンの統合参謀本部議長だが、作戦レベルのカウンターパートは太平洋軍司令官（現インド太平洋軍司令官）である。そこで、インド太平洋軍司令官のカウンターパートとして日本も統合司令官を創るべきではないかという議論があったが、先にも述べたとおり岸田政権下で統合司令官の創設が決まった。

ハリス大将の母親は日本人であり、父親は米海軍の下士官だった。ハリス大将は母親が日本人であることを誇りに思う大の親日家だ。

横須賀で生まれ、テネシー州に帰ったが、母親は息子を米国人として育てることを決意して、日本語は使わせなかったそうだ。ただ、「義理と人情」とか「勝って兜の緒を締めよ」という日本語が大好きで酒が入ると連発していた。

退官後は駐韓大使として活躍された。

平成二十七年（二〇一五年）六月に、防衛省設置法等が改正され、十月から施行された。これによって、内局の官房長・局長と各幕僚長が並列となり、車の両輪として防衛大臣を補佐する体制となった。イメージとしては内局が政策面から、各幕僚長がオペレーション面から大臣を支えるという形である。

防衛省設置法の改正と合わせて、組織改編も行われた。オペレーションに関して企画立案をする「運用企画局」が内局にあったが、これを廃止して、統合幕僚監部に吸収した。統合幕僚長の下に、統合幕僚副長級の総括官（文官）を置き、統合幕僚長を補佐する体制とした。オペレーションに関する法律立案機能は内局に残して、防衛政策局が担当することになった。

つまり、オペレーションを統幕に一元化したということである。これで組織的にも「オペレーションの時代」に入ったわけである。

私が統合幕僚長になる前の平成二十五年（二〇一三年）十二月に国家安全保障会議が創設され、翌二十六年一月には、国家安全保障局が設置された。統合幕僚長は国家安全保障会議のメンバーである。

また、一週間に一回程度、総理大臣と官房長官に外交・防衛ブリフィーングを行う機会が与えられ、私からは自衛隊の状況・行動について報告していた。国家安全保障局のスタッフにも自衛官が配置され、総理官邸で制服自衛官の姿を見ることが不思議ではなくなった。

戦前、戦時中の反省を踏まえてのことだとは思うが、つい最近までの「シビリアン・コントロール」の考え方は、自衛隊を極力政治から遠ざけることだった。しかし、今は政治と自衛隊が近づいたと言われるようになったが、それが本当の意味でのシビリアン・コントロールの在り方だと思う。米国大統領も英国首相も就任した際には軍の最高司令官になったとの自覚を先ず持たれるという。そこからシビリアン・コントロールは始まるのである。

日米の双務性を高める平和安全法制の成立

平成二十七年（二〇一五年）九月に平和安全法制が成立した。

この法制は、自衛隊法、ＰＫＯ法（国際平和協力法）、重要影響事態安全確保法、船舶検査活動法、事態対処法などの既存法の改正、国際平和支援法の制定から成るもので、一般的には複雑な法制である。

しかし、日米同盟という観点から重要なのは次の二つである。

第一は、限定的な集団的自衛権の行使である。

従来は、「我が国に対する急迫不正の侵害がある」ことが自衛権発動の要件であったが、平和安全法制により、「我が国に対する武力攻撃が発生したこと、又は我が国と密接な関係にある他国に対する武力攻撃が発生し、これにより我が国の存立が脅かされ、国民の生命、自由及び幸福追求の権利が根底から覆される明白な危険があること」が自衛権発動の要件となったのだ。いわゆる存立危機事態である。これを日米同盟に当てはめれば、我が国が直接攻撃を受けていなくても、米国が攻撃を受け、それが日本の生存に重大な影響を与える場合は、米国を助けることができるということだ。厳しい条件は課せられているが、令和元年（二〇一九年）六月にトランプ大統領が述べたように「米国が攻撃を受けても、日本はソニーのテレビで観ているだけ」ということには必ずしもならないということだ。

第二は、平時から米国からの要請があり、自衛隊と連携して、我が国の防衛に資する活動をしている米艦艇、米航空機に対して防護ができるようになったことである。

前にも述べたが、二〇〇一年の9・11同時多発テロの後、実施した空母「キティーホーク」「護衛」作戦が、この法制の動機づけになったわけではないが、あの時にこの法制があれば、ためらうことなく護衛が実施できたはずだ。

存立危機事態の認定による集団的自衛権の行使は、あくまで有事であるが、米艦艇、米航空機の防護は、平時の任務であり現実に実施している。したがって、これはまさに今、目に見えることなので、米側から「日本は変わった」と大いに感謝されている。「日本は米国に護衛してもらえるが、米国は日本に護衛してもらえない状態」から、「相互に護衛することができる状態」に変わった。双務性に近づいたのである。これは同盟関係においては非常に重要なことだ。

かねてよりの私の持論は、日本の防衛上の役割を拡大し、日米の関係を極力「双務性」に近づけることが日米同盟の信頼性向上のために不可欠というものである。その意味で、平和安全法制の意義は大きい。突き詰めれば、同盟の本質は、最前線の兵士同士がリスクを共有することなのである。

蛇足だが、平和安全法制が国会で審議されている最中に、共産党が私の二〇一四年十二月の訪米時の議事録を入手したとしてその内容を問題視した。内容は、オディエルノ陸軍参謀総長との懇談の中で平和安全法制の成立の見込みに関する質問に対して、私が「年末の総選挙で平和安全法制の成立を公約に掲げている自民党が大勝したので、次の通常国会で成立すると思う」と述べたことを、制服自衛官が勝手に成立を米国に約束したとしたのである。この議事録と同一の議事録は防衛省には存在しなかったのであるが、たとえこの通り発言したとしても常識的な見方だ。そこで共産党は意図的に「と思う」を外し、「成立する」と約束したと追及し、「河野を国会に呼べ」となった。そもそも一自衛官が法案の成立を約束できるはずもなく、このようにものごとを捻じ曲げるのかと逆に感心したことを覚えている。しかも、共産党は安倍内閣不信任決議案の提案理由に私がしたとされる発言も含めていた。そして、本会議場で、その発言を引用し「明日は九月十八日、満洲事変が勃発した日である。まさに歴史は繰り返そうしている」と演説されたのには驚きを通り越して、思わず椅子から転げ落ちてしまった。

災害対応と自衛隊

統合幕僚長在任中には、いくつもの災害が発生した。毎年どこかで大災害が発生していた。

平成二十八年(二〇一六年)四月に熊本地震、二十九年(二〇一七年)九州北部豪雨、三十年(二〇一八年)七月に西日本豪雨、同年九月には北海道胆振《いぶり》東部地震と続いた。

熊本地震のときには、統合任務部隊を編成して、最大二万六千人を動員して救助・支援に当たった。

北海道胆振東部地震のときも、最大二万五千人を動員して、人命救助、給水・給食・入浴支援などを行った。

災害発生後すぐに自衛隊の姿が見えないと国民が不安にかられる。それくらい国民から頼りにされる存在になった。

私は、災害時に安倍総理の現地視察に何度も随行したが、私が迷彩服を着ていると自治体の長の方々が駆け寄ってきて「ありがとうございます」と言ってくださった。派遣隊員ががんばってくれたおかげなのだが、隊員を代表して有難くお言葉を受けさせて頂いた。

ただ、自衛隊が出動するには一定の時間がかかることも事実だ。

各自治体に出先を持っている警察や消防と異なり、自衛隊の場合は駐屯地から被災地までかなり離れていることも多く。それなりの装備を持って部隊として行動するため、ある程度の準備の時間も必要になる。その代わり、動き始めたら、自己完結型の組織であるため長期的に救助活動・支援活動ができる。

災害対処には、警察、消防、自治体等との連携・協力が不可欠である所以だ。

自衛隊違憲論は破綻している

自衛隊は昭和二十九年（一九五四年）の自衛隊発足以来、ずっと憲法九条の問題を引きずってきた。まさにくびきである。

自衛隊発足翌年の昭和三十年（一九五五年）から、政治の世界では五五年体制（自民党・社会党の対立体制）が始まった。野党第一党の社会党は自衛隊違憲の立場、当然共産党も違憲の立場であった。しかし、野党第一党が違憲と言う立場の意味合いは民主主義国家として大きい。

五五年体制が始まった頃は、戦後まだ十年であり、多くの国民の中には旧軍に対するアレルギーが残っていた。それを自衛隊に重ね合わせる人も少なくなかった。いわゆる軍事・軍隊アレルギーである。一九九一年の掃海部隊のペルシャ湾派遣を巡る反対意見の合言葉として使われた「いつか来た道」「蟻の一穴」「軍靴の足音が聞こえる」が効果を発揮する源流もここにある。

社会党の石橋政嗣氏（後に社会党委員長）は、昭和四十一年（一九六六年）頃から、非武装中立を主張した。昭和五十五年（一九八〇年）には『非武装中立論』を執筆されている。自衛隊は憲法違反なので解散し、すべて外交によって解決し、他国から侵略されない国になるべきだ。そして東西冷戦下ではあるが、日本は中立であるべきとの主張だ。私は、当時でも非武装中立は現実的でないし、日本の安全保障に資するものでないので反対であるが、論理的には一貫しており、少なくとも論理破綻はきたしていない。

このような情勢の中、昭和四十八年（一九七三年）には東京都立川市で自衛官の住民登録が拒否される事件が起こっている。沖縄県那覇市でも、返還年の昭和四十七年に自衛官が住民登録を拒否され、自衛官の子供たちの小中学校への転入学手続きに支障をきたしている。

昭和四十五年（一九七〇年）には中曽根康弘防衛庁長官が、防衛白書の刊行に当たって「自衛官も市民であり、憲法の前では平等であるにもかかわらず、大学への受験や入学が拒否されている」と記している。

自衛官の子弟の中には、入学式を経験していなかったり、成人式を別にされたり、大学に行きたくても認めてもらえなかった人たちがいたことは事実である。

しかし、一九九一年の湾岸戦争後のペルシア湾への掃海部隊派遣を契機に、自衛官の顔がだんだん国民に見えだし、国民の自衛隊に対する信頼感が高まっていった。PKO、インド洋派遣、イラク派遣、阪神淡路大震災、地下鉄サリン事件、東日本大震災などにおける自衛隊の活動によって、さらに信頼感は高まっていった。

その結果、三年ごとに調査されている内閣府の「自衛隊・防衛問題に関する世論調査」によれば、自衛隊に対して良い印象を持っている人の割合は、大きく高まっている。平成二十七年（二〇一五年）には九二・二パーセント、三十年（二〇一八年）には八九・八パーセント。約九割の人が自衛隊に好印象を持っている。私が、防大に入った昭和四十八年（一九七三年）ころは、おそらく二から三割位だったと思う。

平成三十一年（二〇一九年）一月に発表された日本経済新聞社の世論調査によれば、「信頼できる組織・団体」のトップは、自衛隊（六〇パーセント）だった。以下、裁判所四七パーセント、警察四三パーセントと続く。「信頼できる」が五割を超えたのは自衛隊のみだった。ちなみに「信頼できない」の上位は、国会議員五六パーセント、マスコミ四二パーセント、国家公務員三一パーセントとなっている。

これだけ自衛隊に対する信頼が高まっている現在、「自衛隊はなくしたほうがいい」という考え方は、国民の共感を呼ばなくなっている。

こうなると、違憲論は国民世論との間でもがき苦しむことになる。つまり、今の違憲論は「自衛隊は違憲である。しかし、国民がいらないというまで働いてもらう」である。または、「自衛隊に違憲の烙印を押し続けることによって、自衛隊の行動を抑制する」である。これらの理屈に対して私が持つ印象は、憲法軽視である。違憲とはそんなに軽いものかと思う。

違憲論は、現実との狭間で既に論理破綻をきたしている。

憲法への明記は「ありがたい」

平成二十九年（二〇一七年）五月の憲法記念日に安倍総理が憲法改正についてのビデオメッセージを出した。その中で、「憲法九条一項、二項を残しつつ、自衛隊を明文で書き込むという考え方は国民的な議論に値するのだろうと思う」と述べられ、連立与党の公明党が主張していた加憲論に近い方向性を示された。

私は、安倍総理のビデオメッセージから三週間ほど経ったときに、日本外国特派員協会で講演を頼まれ、その後の記者会見に臨んだ。講演の中では憲法に触れなかったが、時期が時期だけに、おそらく憲法についての質問は出るだろうとは予想していた。外国特派員クラブの責任者からも、講演前に「憲法の件についてはお聞きしたい」と言われていたので、どう答えるべきか考えていた。

記者会見の向こう側には、多くの国民がいる。「国民に顔の見える自衛隊でなければ信頼を得られない」というのが私の持論である。「その件については、申し上げられません」と言えば私は安泰である。そんなことは百も承知である。しかし、憲法九条問題のいわば当事者は自衛隊である。この問題について、自衛隊がどう思っているか国民は当然知りたいはずである。ここで、自衛官トップである私が何のメッセージも発しない、発せられないのは健全な社会ではないと私は思った。

しかし、自衛官には政治的制約はかかっているから政治的発言はできないことも百も承知している。そこで自分なりにこの連立方程式を解いてみた。そして導き出した私の解は、「気持ち」を述べる、である。

そこで、先ず「憲法という非常に高度な政治的問題なので、統合幕僚長という立場から申し上げるのは適当ではない」と前置きした上で次のように述べた。

「ただ、一自衛官として申し上げるならば、自衛隊が何らかの形で憲法に明記されることになれば、それはありがたいなあとは思います」

「改憲に賛成」とも「改憲すべき」とも「改憲してほしい」とも言っていない。能動的なことは一言も言っていない。しかも安倍総理が述べられた改憲の方向性に特定したことも言っていない。「自衛隊が何らかの形で憲法に明記されることになれば」ということは、国会議員の三分の二以上の賛成で発議され、国民投票の過半数の賛成を得て実現することになれば、それは自分の気持ちとしては有難いと、すべて受け身の立場から述べている。しかも、「ありがたいなあ〝とは〟思います」と「とは」というヘッジまでかけた。これを政治的発言と捉える人は「ため」にする議論をしているに過ぎないと思う。

私は、今でもこれを政治的発言とは考えていない。一部のマスコミは問題視したが、多くの国民は受け入れてくれた。

「自衛隊は国民が認めているからそれでいい」でいいのか

私は、改憲論者だ。現行憲法にはいろいろ現状にそぐわない問題があると思うが、私は、少なくとも前文と憲法九条は国家の基本であり、国の生き方を示したもので改正すべきだと考えている。

自民党の元最高レベルの幹部の方が、ある月刊誌で次のように述べられている。

「安倍総理はよく『自衛官が息子に〝お父さん、憲法違反なの？〟と尋ねられ、息子は目に涙を浮かべていた』と説明していますが、本当にそうなのでしょうか。私は、憲法に書かれていないからといって、自衛官の方々やそのご家族の方々がかわいそうとは思いません。災害支援をはじめ、あらゆる分野で国民の多くが自衛隊に感謝と尊崇の念を持っています。自衛隊の存在は国民の皆さんに十分に認められているのです』『もし自衛隊の存在を憲法に書き込めば、戦争に近付く〝蟻の一穴〟になりかねない」

要するに「国民の多くが既に自衛隊の存在を認めているから、それでいいではないか。逆に憲法に自衛隊を書き込めば戦争に近づく」というのである。

私も「まあ、それでいいんじゃない」というスタイルで人生の大半を生きてきた部類の人間だ。しかし、「まあ、それでいいんじゃない」で済ませていいことと、済ましてはいけないことの区別くらいはつくつもりだ。自衛隊という国家の軍事組織をどう位置付けるかという問題が「まあ、それでいいんじゃない」で済ませていけない問題であることは常識でも分かる話だ。自衛官、その子供たちが厳しい思いをしてきたことは事実だ。私も自衛官の息子なのでよく分かっている。しかし、この子たちがかわいそうだから改憲を主張している訳ではない。国家の在り方としてどうなのかという観点だ。ここを踏み外してはいけないと思う。

また、「自衛隊の存在を憲法に書き込めば、戦争に近づく」という理屈も理解できない。あまりの論理飛躍で中間の議論が抜け落ちている。

よくこういう議論になると「君たち若い者は戦争を知らないからそういうことを言う」と言われる人がいる。言われた方は「恐れ入りました」と頭をさげ、言った方は「カッカッカッ」と高笑いし、ソファに身をゆだねる。それで議論打ち切りである。こういう議論のやり方は、ある意味卑怯である。私の父は明治四十三年生まれで、国の命令に従って最前線で戦ったが、戦後は海軍の必要性を説いて止まなかった。

憲法問題は現在の問題であると同時に次世代の問題でもある。自衛隊を憲法上認めればどうして戦争に近づくのか、そうならないためにはどうすればいいのか、戦争を知っている方々の経験も踏まえて議論すべきではないか、というのが私の立場だ。

ちなみに参考までに、大野敏明氏（産経新聞元記者）の平成八年（一九九六年）二月二日産経新聞夕刊の記事を紹介する。

「私の父は自衛官だった。小学生も安保反対デモのまねをしていた六十年安保騒動の翌年、小学校の四年生だった私は社会科の授業中、担任の女性教師から『大野君のお父さんは自衛官です。自衛隊は人を殺すのが仕事です。しかも憲法違反の集団です。みんな、大きくなっても大野君のお父さんのようにならないようにしましょう。先生たちは自衛隊や安保をなくすために闘っているのです』と言われたことがある」

これを読むと、おそらく「それは昔の話で今はそんなことはない。だから、まあ、いいんじゃない」となるだろう。しかし、それを昔の話にしたのも自衛隊の先輩の努力の結果だ。私は国家の基本、在り方を言っているのである。

「誇りの旗」は絶対降ろさない

平成三十年（二〇一八年）十月十二日、定例の西太平洋海軍シンポジウムが開かれることになった。この年は韓国の主催で、済州島での開催である。中国の青島開催のときと同じように、韓国も国際観艦式を予定していた。

我々としては、韓国との関係は重要であるし、招待状も届いたため、参加することに決めた。まさに参加艦艇を済州島へ向けて出港させる矢先、韓国は「韓国の国旗と自国の国旗以外は挙げてはならない」と要請してきた。海軍の世界では艦尾に自国の国旗を掲げる国と海軍の旗、これを軍艦旗というが、これを掲げる国がある。例えば米国は自国の国旗を掲揚しているが、ロシアは海軍旗を掲揚している。日本は帝国海軍以来、海軍の旗を掲揚している。帝国海軍時代に掲げられた旗は軍艦旗であり、海上自衛隊の艦艇が掲げているのは自衛艦旗である。ともに朝日をイメージした「旭日旗」である。韓国の「国旗以外は掲げるな」という意味は実質的には日本のみに向けられたものであり、韓国にとっては血塗られた旗である「旭日旗は揚げるな」ということだ。

先ほどの話ではないが、この話も「まあ、いいんじゃやない」で済ましてはならない話である。

私としては、このような要求は絶対受け入れることはできない。まさに「言語道断」「笑止千万」「無礼千万」である。

あえて軍旗という言い方をするが、軍旗というのは、軍隊の象徴である。旗は精神的な支柱であり、旗の下に兵士は団結し、場合によっては血を流し、国家のために命をかけて戦う。

軍同士はお互いの国益を背負って戦場で戦うが、その崇高な使命ゆえにお互いを尊重するというのが軍人精神であり、いわば紳士協定だ。そこが、路上の喧嘩とは違うのである。そのためお互いの軍旗は尊重する。私は、韓国の軍旗を尊重するし、中国の軍旗も尊重する。北朝鮮の軍旗も尊重する。

したがって、国家主権を象徴する自衛艦の旗を降ろしてこいということは、軍の世界では、国家、自衛隊を侮辱する暴挙なのである。ハリス駐韓米大使は「真珠湾を攻撃された米国は旭日旗を受け入れているのに、日本と戦争していない韓国がなぜ受け入れないのか」と述べたという。

戦いが終われば、お互いを尊重するという逸話を紹介したい。

日露戦争時、乃木希典大将指揮する第三軍は、多数の犠牲をはらいロシアの旅順要塞を陥落させた。そこで、一九〇五年一月四日に水師営《すいしえい》という場所で敗軍の敵将ロシアのステッセル中将と会見した。歴史的に有名な「水師営の会見」である。そこで、乃木大将はステッセル中将に剣を所持することを許した。敗軍の将とはいえ、勇敢に戦った軍人の尊厳を重んじたのである。これは武士道精神の発露だとして、世界から賞賛された。東郷元帥も日本海海戦の後、敵将ロジェストビンスキー中将を佐世保海軍病院に見舞い手厚い治療を行わせている。

乃木大将は、若かりし頃、西南戦争従軍中に軍旗である連隊旗を敵に奪われたことを一生悔やみ、明治天皇崩御の際に自刃したのは、そのお詫びが一つの理由とさえ言われている。軍旗とはそれ程のものなのだ。

おそらく、青瓦台の意向であると思う。常識的には韓国軍は抵抗してくれたものと信じたい。しかし、結果としてこういうことになれば、韓国軍は唯々諾々として従ったわけであり、韓国軍に対して不信感を抱かざるを得なかった。

旭日旗は、もともとは日本海軍の軍艦旗だった。昭和二十年（一九四五年）に海軍が解体され、軍艦旗も消滅した。そして昭和二十九年（一九五四年）に海上自衛隊が発足したが、昭和二十八年の保安庁・警備隊の頃から自衛艦旗制定の構想が進められた。しかし、部内では、旧軍艦旗の採用は、当時の四囲の情勢から極めて強い反対が予想されるので慎んだ方がよいという空気が支配的だったという。ところが、東京芸術大学に所見を求めたところ「部隊の旗として、旧海軍の軍艦旗は最上のものであった。国旗との関連、色彩の単純、鮮明、海の色との調和、士気の高揚等凡ての条件を満たしている」とのことであった。それと並行して米内穂豊画伯に自衛艦旗の新しいデザインの考案をお願いした。

すると米内画伯は、「旧海軍の軍艦旗は、黄金分割によるその形状、日章の大きさ、位置、光線の配合等実に素晴らしいもので、これ以上の図案は考えようがありません。それで旧軍艦旗そのままの寸法で図案を一枚書き上げました。これがお気に召さなければご辞退いたします。ご迷惑をおかけして済みませんが、画家としての良心が許しませんので……」とのことだった。これを受け、部内での相当な議論の末、新しい自衛艦旗は帝国海軍の軍艦旗（旭日旗）と同じデザインに決まり、吉田総理に報告することになった。

吉田総理の戦前、戦中の軍部との関係を考えると、吉田総理が了解されるかどうか分からなかったと思う。関係者も了解される確証はなかったのではないか。

しかし、吉田総理は「世界中で、この旗を知らぬ国はない。どこの海に在っても日本の艦であることが一目瞭然で誠に結構だ。旧海軍の良い伝統を受け継いで、海国日本の護りをしっかりやってもらいたい」と一発ＯＫだった。

自衛艦旗は昭和二十九年六月九日の閣議で正式に決定された。

以来、海上自衛隊の艦艇が造船所で完成し、就役するときには、内閣総理大臣から自衛艦旗が授与される儀式が行われる。これを「自衛艦旗授与式」といっている。つまり、韓国は日本の内閣総理大臣から授与された旗を降ろせと言ってきたのである。

防衛省・自衛隊としては、国際観艦式への参加を取り止めることで一致した。ただ、この問題に対する防衛省として示された外部への基本対応は、「旭日旗の意匠は、大漁旗や出産、節句の祝いなど、日常生活の様々な場面で使われている」というものだった。これは、外務省のホームページにも載っている説明である。つまり、「日本では一般的に使われているので問題ないですよね」というものだった。

ただ、私の信念は今まで言ってきたことだったので、内局には申し訳なかったが、私の記者会見では、この対応ではなく、「海上自衛官にとって自衛艦旗は誇りの旗である。降ろすことは絶対にない」とだけ答えた。これ以上、何も言うことはない。

漏れ伝わってきたところによると、この発言を聞いて、記者の中には「そこまで言うのか」とびっくりした人がいたそうだ。

しかし、戦後の風潮の中で、「誇り」「卑怯なまねはするな」「惻隠の情」「勇気」「仲間のため」というような日本語が失われたのではないかと思う。「国益」という言葉も今は「国益に沿った外交」など普通に使われているが、ひと昔前は「国益」も使うことを憚られた。逆に戦後の日本人は「誇り」を持ってはいけない、「国益」を考えてはいけないと教えられた気さえする。

ちなみに、夏の高校野球のテーマソングである「栄冠は君に輝く」など本当に美しい日本語だと思う。「栄冠は君に輝く」の中に「若人よ、いざ」という歌詞がある。日本人はこの「いざ」という精神を忘れたのではないか、この「いざ」の精神こそ日本人の覚悟を表している言葉だと思う。

私は、あまりネットは見ないが、私のコメントに対して韓国では「なかなか立派だ」という反応が結構あったそうである。

韓国軍艦から受けたレーダー照射

自衛艦旗の問題から二カ月後の平成三十年（二〇一八年）十二月二十日、韓国軍艦による火器管制レーダー照射事件が起こった。日本のP-1哨戒機に対して、韓国海軍の駆逐艦が火器管制レーダーを照射したのである。

第一報を聞いたとき、何かの間違いだろうと思った。自衛艦旗のことで韓国軍に対して不信感が芽生えていたとはいえ、それでも、韓国は友好国という位置づけだった。以前、東シナ海で中国からレーダー照射を受けたときとは、状況が違う。

しかし、二回目の報告を受けたときに、「数分間にわたり、複数回」と聞き、これは単なる手違いではないと確信した。

P－1の機上での解析で火器管制レーダーであることは分かっていたが、さらに慎重を期すために、陸上の専門部隊で再解析させた。間違いないということだったので、関係先に報告した。

北朝鮮問題は何ら解決されておらず、日米韓の連携は引き続き重要だったので、この問題は早急に解決したかった。しかし、こちらは隊員の命が危険にさらされたのである。それこそ「まあ、いいんじゃない」では済まされなかった。岩屋毅《たけし》防衛大臣のご指導もあり、韓国には謝罪は求めず、原因究明と再発防止を求めた。

当初、韓国側は、「遭難漁船の情報があり、火器管制レーダーも使って捜索していた。それが、誤ってP－1に当たったかも知れない」と言ってきた。先ず、海軍関係者であれば誰でも分かる話であるが、火器管制レーダーはミサイル等を命中させるためにビームを絞って照射するもので、広い視野で探さなければならない捜索に使用することなどない。また、P－1が撮影した映像では、現場には当該駆逐艦と海洋警察の大型船そして遭難したとみられる北朝鮮の漁船がいた。もう目視の範囲内だ。レーダーを使う必要はない。この点を尋ねたところ火器管制レーダーなど使用していない、となった。日本側が嘘をついているというのである。

我々としては、「どっちもどっち」とされたらたまったものではない。

P-1哨戒機は、当然現場のビデオ撮影をしており、そのことは、マスコミも知っている。そこで、官邸、岩屋防衛大臣の了解を得て、十二月二十八日にビデオを公開した。

ところが韓国はビデオを見て「やはり、火器管制レーダーが照射されたのは日本の作り話だ」と言ってきたのである。その理由を聞いてこれまた腰を抜かした。何と韓国は「火器管制レーダーを照射されたにしては、日本の哨戒機のクルーがあまりにも冷静に対応している」というのである。韓国軍は、こういう場合慌てふためくのかも知れないが、自衛隊のクルーの冷静な対応はまさに訓練の賜物である。

それに対して、韓国側は翌三十一年（二〇一九年）一月二日に、「日本が威嚇的な低空飛行をした」と言い出し、BMG付きの何やらグロテスクな映像を流し始めた。

この時の米インド太平洋軍司令官はデビッドソン海軍大将だったが、彼には、「この問題は、北朝鮮問題があるので日韓で早急に解決する」とだけ伝え、「日本の味方をしてくれ」とは一切言わなかった。しかし、彼は日本の立場は十分理解してくれていた。

無礼と言う方が無礼だ

事実関係を付き合わせて、早めに決着させたかったので、シンガポールで日韓防衛当局による協議を開くことになり、統幕から運用部長一行を行かせた。レーダーのデータを照合すれば、事実がはっきりするので、「日本はデータを出す用意がある。そちらもデータを出して欲しい」と伝えたが、拒否された。協議が続く中、韓国国防省の報道官が記者会見で「非常に無礼な要求」と批判をしてきた。話し合いをしている最中に報道官が公式の場で交渉相手を「無礼だ」と言ったのである。言うにこと欠いてとはこのことだ。私も生まれてこの方「無礼」と言われたのは姑からと韓国ぐらいのものである。

「無礼」というのは、あまりにも一線を越えている。私は自衛隊のトップとして、はっきり指摘しなければならないと思った。

そこで記者会見で、「主権国家たる我が国に対して、責任ある韓国の人間が、無礼などと言ったことは極めて不適切であり、遺憾だ」と述べた。

本当は「無礼と言った韓国こそ無礼だ」と言いたかったが、そこは抑えた。

その後も韓国とはずっと平行線のままだった。

北朝鮮問題がある中で、これ以上長引かせることは日本の国益に沿わないことから、日本の見解を一方的に発表して、この問題を打ち切った。

いまだに原因は分からない。北朝鮮の遭難漁船は何をしていたのかも分からない。噂や憶測は耳にしているが、定かではない。

その後、韓国の在郷軍人会の会長（元合同参謀本部議長）が私のところに来て、「日韓問題について懸念をしている。朴合同参謀本部議長にもその旨を伝えた。もし、朴合同参謀本部議長から電話があったら受けてくれるか」と言うので、「もちろん、いいですよ。こちらはいつでもオープンです。ただ、こちらから電話をするつもりはありません」と伝えた。在郷軍人会会長は「ありがとう」と言って帰国したが、待てど暮らせど、朴合同参謀本部議長から電話はかかって来なかった。

動きをエスカレートさせた北朝鮮

統合幕僚長として対応に当たった中で一番大変だったことは何ですか？　と聞かれれば、

災害派遣も大変だったが、緊張感という点から言えばやはり北朝鮮への対応である。

平成二十六年（二〇一四年）十月に統合幕僚長に就任してから、翌二十七年末までは、北朝鮮がミサイルを発射したのは一回で、核実験も行われていなかった。

ところが、平成二十八年（二〇一六年）に入ると、動きが活発になった。

平成二十八年一月六日、北朝鮮は四回目の核実験を行った。回を追うごとに核爆発力を増大してきたが、この四回目の実験で北朝鮮は「水爆実験に成功した」と主張した。

同年二月七日、北朝鮮は「テポドン二号派生型」と見られる飛翔体を発射した。このミサイルについては、本書のプロローグでも触れたが、ミサイルは南西諸島上空を越えて飛んでいった。

二月のミサイル発射を皮切りに、北朝鮮は、三月三発、四月四発、五月一発、六月二発、七月四発と、どんどんエスカレートさせていった。八月三日には、二発のミサイルを同時発射し、そのうち一発は一千キロを飛翔し、日本海のわが国のEEZ（排他的経済水域）内に弾頭部分が落下した。EEZ内に落下したのは初めてだった。九月五日に発射された三発のミサイルもEEZ内に落下している。

日本の漁船が操業するEEZ内であるから、日本の安全保障に影響を及ぼす深刻な事態だ。我々はＢＭＤ能力を備えたイージス艦を所定の海域に長期展開し、地上のＰＡＣ3の態勢も強化した。

九月九日には、北朝鮮は五回目の核実験を実施した。北朝鮮問題は深刻化の度合いを増す一方だった。

十月十四日には、ワシントンで日米韓の制服組トップで北朝鮮問題について話し合った。ダンフォード米統合参謀本部議長、李淳鎮《イスンジン》韓国合同参謀本部議長のほか、米太平洋軍司令官ハリス大将、米韓連合軍司令官ブルックス大将も加わった。北朝鮮の九月九日の核実験や、度重なるミサイル実験について協議し、北朝鮮に対して断固たる姿勢で対応するために、三カ国で緊密に協力していくことを確認した。

その翌月の十一月二十三日には、日本と韓国はＧＳＯＭＩＡ（軍事情報包括保護協定）を締結した。北朝鮮の脅威が締結を後押しした形となった。

それまでは、米国を介して北朝鮮のミサイル情報などをやりとりしていたが、ＧＳＯＭＩＡによって、日韓が直接情報を共有できるようになった。

ＧＳＯＭＩＡを結ぶべきだというのが早くからの我々の主張だったが、韓国の世論、政治情勢によってなかなか締結できなかった。

韓国の朴槿惠《パククネ》大統領は、支持率が一桁台という政治的に非常に厳しい状況の中にあったが、GSOMIA締結を決断された。

一段と厳しさを増す北朝鮮情勢

二〇一七年（平成二十九年）一月、トランプ政権が誕生した。

トランプ政権になっても、北朝鮮のミサイル発射ペースは衰えなかった。北朝鮮は、過去の発射失敗を教訓に技術的な課題を乗り越えて、ミサイルの精度を高めていった。経済制裁下にあっても、闇ルートで関連資材を調達しているのか、確実に技術力を高めているというのが我々の見方だった。北朝鮮のミサイルの脅威は高まっていった。

北朝鮮は、二月一発、三月五発、四月三発とミサイルを発射し続けた。

オバマ政権時代は「戦略的忍耐」を掲げていたが、トランプ大統領は、北朝鮮の挑発に黙っていなかった。

トランプ大統領は、同年四月に行われた安倍総理との電話会談で、「すべてのオプションがテーブルの上にある」と答えている。つまり、軍事オプションもありうるという意味である。

この問題は、一にかかって、北朝鮮の出方次第だった。米国や日本が仕掛けているわけではなく、北朝鮮がミサイル発射と核開発をやめて核を放棄すればすぐに終息する問題だった。

しかし、北朝鮮はやめるどころか、ミサイル発射と核実験を繰り返した。八月には、北朝鮮の軍高官が、グアム沖に四発の中距離弾道ミサイル「火星12」を打ち込む可能性に言及した。これに呼応して、万一に備えて、PAC3を北朝鮮とグアム線上に位置する島根、広島、愛媛そして高知の各県に展開した。

トランプ大統領は「北朝鮮は、世界がこれまで見たこともないような、炎と怒りを浴びることになるだろう」と応じた。

北朝鮮が計算違いをして米国のレッドラインを越えるようなことがあれば、軍事オプションが現実味を帯びてくる。

七月には、別件でワシントンを訪問していた私にダンフォード統合参謀本部議長から連絡があり、急遽会いたいという。すぐさまペンタゴンに直行した。八月十八日には、ダンフォード統合参謀本部議長が来日して、緊迫化した北朝鮮情勢への対処について話し合った。

八月二十二日に、米国のB52戦略爆撃機二機が飛来し、航空自衛隊のF15戦闘機二機と日本海上空の空域で共同訓練を行った。その後B52は、朝鮮半島に飛び、韓国軍と共同訓練を行っている。日米韓三カ国で北朝鮮へ軍事プレッシャーをかけ続けた。

しかし、北朝鮮は八月二十九日に弾道ミサイルを発射。九月十五日にも弾道ミサイルを発射した。いずれも北海道上空を越えるものだった。日本にとっての脅威度は確実に増していた。

また、九月三日には北朝鮮は六回目の核実験を行い、ICBM（大陸間弾道ミサイル）装着用の水爆実験に成功したと発表した。核実験の出力規模から見て、水爆の可能性も否定できなかった。

イージス・アショアの導入と断念

北朝鮮のミサイルを巡る情勢が厳しさを増す中、国民の危機意識も高まってきた。そこで、日本の弾道ミサイル防衛態勢は万全なのかという疑問が我々に突き付けられた。日本の弾道ミサイル防衛は、先ず、宇宙圏でイージス艦が対処し、打ち漏らした弾道ミサイルは大気圏でPAC3が対処するという二段構えである。当然、弾道ミサイルが同時に多数飛来した場合は限界がある。危機意識の高まりからか、政界からなぜもっとイージス艦を建造しなかったのか、とお叱りを受ける始末であった。そこで、少しでも弾道ミサイル防衛の確率を上げるためには、もう一つ装備が必要という議論になった。当時存在したシステムはサード(THAAD。終末高高度防衛ミサイル)かイージス・アショアであり、機種選定の結果、イージス・アショアを導入することになったわけである。平成二十九年(二〇一七年)十二月にイージス・アショアの導入が閣議決定された。これには国民の危機意識の高まりも背景にあった。さらに今そこにある危機に対処するため出来るだけ早くという政治要請もあったことから、じっくり用地交渉している余裕はなく、そこで国有地であり、かつ日本全土が防護できる場所ということで、山口県むつみ演習場と秋田県新屋演習場が選定されたわけである。

導入当初は弾道ミサイルの脅威からいかに日本を守るかが議論の中心だったが、地元説明の段階でブースターが演習場外に落ちる可能性が議論の中心になり、今回の導入断念に至ったようだ。

北朝鮮は一発の核も一発のミサイルも放棄していない。その意味でイージス・アショア導入決定当時と北朝鮮の脅威は本質的に何ら変わっていない。変わっているのは、今はミサイルが目の前に飛んで来ないということだけである。しかしそれに伴い国民の危機意識は当時に比べ確かに低下した。

国民の危機感が薄い平時においては、このような政策は不人気となる。しかし、本来防衛力整備は平時に進めておかなければ有事に対応できない。護衛艦建造には五年かかるし、イージス・アショアも七年から八年はかかるのである。ここが、民主主義国における防衛力整備の難しさである。

「専守防衛」と「敵基地攻撃」の考え方について

イージス・アショアの導入断念を受けて、再び「敵基地攻撃」の議論が再燃しつつある。タブーなしで議論されることを期待しているが、こういう議論をする場合、必ず「専守防衛」との関連で問題となる。「専守防衛」とは憲法の精神から来る防衛政策である。しかし、日本はこの「専守防衛」をあまりにも厳格に適用しているのではないかと思う。

私も、日本の国の在り方として絶対に他国を侵略する国であってはならないし、他国とのトラブルは外交で解決すべきであると思う。しかし、侵略を受けた場合はそれをはね返せる国でなければならない。そういう意味で「専守防衛」の日本は、「戦略的守勢」ではあるが、一朝有事の際には「戦術的攻勢」をとれる国であるべきだ。それが戦術、戦闘のレベルにまで「専守防衛」という制約をかけるから話がややこしくなり、世界の軍事常識から外れていくことになる。

無法国家から武力攻撃を受けた場合、日本も主権国家として自衛権を行使できる。この場合、軍に対していかなる手段を使ってでも国民の生命、財産を守れと命じるのが普通の国である。ただし、無制限ではない。国際法の範囲内である。日本の場合、これにさらに「専守防衛」という枠を戦端が開かれた後もダブルにかけるから自衛隊は手足を縛られることになる。敵国からではなく、我が愛する祖国から手足を縛られるのであるから何ともやるせない限りである。

したがって、「専守防衛」という魔の手は装備体系にまでおよび、他国に脅威を与えるような装備は持ってはいけないとなる。スタンド・オフ・ミサイル（長距離巡航ミサイル）を導入する際にも「専守防衛」の観点から議論になった。ひと昔前は、戦闘機に当初から装備されていた空中給油装置がわざわざ取り外されるという珍事まで起きた。飛行距離が伸びると他国に脅威を与え、「専守防衛」に反するというわけである。

サッカーでいくら優秀なゴールキーパーがいても、ゴールキーパーだけでは百％試合に勝てない。攻撃しなければ戦いに勝てないのは常識だ。

日米安全保障体制は、「盾《たて》と矛《ほこ》」の関係と言われる。簡単に言えば、日本は守るだけ、攻撃は米国にお願いするというものである。これで攻守そろって「専守防衛」の日本は安泰だということだろうが、それで本当にいいのかということだ。この考え方には二つの問題点がある。

第一は、日米で共同対処する場合、米国も戦闘に従事することになる。戦闘中、米国にも米国の都合があるということだ。戦闘場面でタイミングよくこちらのリクエストに応じて攻撃してくれるとは限らない。その場合、とりあえず核ミサイルを一発受けて、次はお願いしますという話にはならない。絶対に間隙を作ってはならないということだ。攻撃はすべて米国に任せておけばいいというのは、まさに机上の空論である。

第二は、国家の品格の問題だ。

日本は「専守防衛」の平和国家であり、他国に脅威を与えない、としながらも、何かあった時には米国に他国を攻撃してもらう国ということだ。自分では手を汚さず米国に他国を攻撃してもらいながら、それでも「専守防衛」を高らかに唱えるのは、抜け目のない偽善であり、品格ある国家とは言えないと思う。一切攻撃は頼まないというならまだしも、戦術、戦闘場面における攻撃の必要性を認識するのであれば、日本も攻撃力を持つ覚悟を持つべきだ。

また、攻撃力を持たなくていいように外交ですべて解決すべきだという意見も根強くある。私も先ず外交で解決すべきだと思う。しかし、外交に国の安全保障を百%委ねるのは、これは政策論ではなく、宗教論だ。人間にとって宗教は生きる上で必要だと思うが、安全保障政策は政策論であり、あくまで現実論でなければならないと思う。今までの日米両国は「盾」と「矛」の関係であったが、これからは「矛」の分野でも日米共同を追求すべきである。

緊張から一転対話へ

米朝両国首脳の発言はさらに過激になっていった。

九月十九日の国連総会では、トランプ大統領が金正恩委員長を「ロケットマン」と呼ぶと、金正恩委員長は「狂った老いぼれ」と言い返した。それを受けてトランプ大統領が「ちびのロケットマン」と呼び、「完全に破壊する」と言うと、金正恩委員長は「史上最高の強硬対応措置の断行」と応じた。一触即発の緊迫感は日増しに高まっていくように思われた。

米国は、軍事的な圧力をさらに強め、グアムから戦略爆撃機B1、B2、B52を次々と朝鮮半島に向けて飛ばした。

十一月には、「ニミッツ」、「セオドア・ルーズベルト」、「ロナルド・レーガン」の三隻の空母が日本海に入った。日本海に三個空母打撃群が入るのは初めてのことだった。一九九六年の台湾危機のときですら、二個空母打撃群だったから、北朝鮮には相当な軍事プレッシャーを与えたと思われる。

日本海に入った米空母打撃群と日本は共同訓練を行い、米国とともに軍事的なプレッシャーを北朝鮮に掛けた。

北朝鮮は十一月二十九日にロフテッド軌道（通常よりも高い角度で発射した際の軌道）でICBM「火星15」を発射した。これは、普通の軌道で計算し直すとワシントンにまで届くレベルで、北朝鮮のミサイルがついにワシントンを射程に捉えた。

マスコミでは、北朝鮮を先制攻撃する鼻血作戦や斬首作戦などが取りざたされていた。

この間、私はカウンターパートであるダンフォード統合参謀本部議長と頻繁に電話で連絡を取り合っていた。ダンフォード議長が「二、三日に一回は連絡をとった」とメディアに語っているから、そのくらいの頻度で連絡をしていたと思う。

軍事オプションをとるかどうかは政治が決めることだ。しかし、軍としては、政治からGOがかかった時、準備ができていませんでは話にならない。常識的には、米軍はさまざまな軍事作戦を検討していたと思う。一九九〇年代の第一次朝鮮半島核危機の際は、現実にクリントン大統領は、一時は軍事攻撃を決断した歴史的事実がある。

もし、北朝鮮が計算を誤り、米国のレッドラインを踏み越えたら軍事オプションは現実味を帯びる。米国が軍事攻撃に踏み切った場合、当然、日本には大きな影響がある。その時、自衛隊として取れるオプションは何か？　私もこの問題が対話もしくは外交・経済制裁で平和的に解決することを望んでいたが、最悪のことが起きた時に、「すみません。何も考えていませんでした」では自衛隊トップの責任を果たすことはできない。

私の責任の範疇で頭の体操は当然していた。

しかし、二〇一八年に入って、急転直下、金正恩委員長は新年の辞で対話路線を打ち出した。私は、経済制裁も効いたとは思うが、やはり主として軍事プレッシャーの結果としての方針転換だと考えている。

しかし、その後、米朝会談は二〇一八年六月十二日にシンガポールで、翌二〇一九年二月二十七日と二十八日の両日ベトナムのハノイで行われたが、実質的な進展はない。

今まで、朝鮮半島の核危機は二回あった。今回が三回目である。一九九三年から一九九四年ごろまでが第一次核危機である。二〇〇三年から二〇〇九年くらいまでが第二次核危機である。いずれも先に北朝鮮に見返りを与えたために失敗した。今回の第三次核危機では、過去の失敗の轍は踏まないということでＣＶＩＤ（完全かつ検証可能で不可逆的な非核化・Complete, Verifiable and Irreversible Denuclearization）という方針を打ち出した。すなわち「完全かつ検証可能で不可逆的な非核化」である。非核化が先であり、先に決して見返りは与えないということである。私はこの方針は貫くべきだと思う。

そして、あの時対話路線に乗らず、あと一歩北朝鮮に軍事的圧力をかけておけば、また、違った展開になったかも知れないとも思う。

そうこうしているうちに、私の退官の日は近づいてきた。

感無量の「帽振れ」で心置きなく自衛隊を去る

これで私の「物語」も終わりである。

いよいよ退官の日である平成三十一年（二〇一九年）四月一日を迎えた。防大を含めると実に四十六年間に及ぶ自衛隊生活に別れを告げる日が来た。奇しくもこの日は新しい元号の「令和」が発表された日である。新しい時代を告げる日に退官するとは何とも幸運なことだと思った。統合幕僚長としての期間も三度の定年延長を経て四年半に及んだ。

振り返ってみても、七転び八起きの自衛官人生だった。そして「運」にも本当に恵まれていたとつくづく思う。私は一九七三年に防衛大学校に入校し、一九七七年に海上自衛隊に入隊した。自衛隊は一九九一年の掃海部隊のペルシャ湾派遣で「オペレーションの時代」を迎え、それから十年後の二〇〇一年の米国同時多発テロに伴う対応でオペレーションをさらに深化させ、その十年後の二〇一一年、大変不幸なことではあったが、東日本大震災での災害派遣で統合の道を確実なものとした。それとともに国民から「顔」の見える自衛隊へと変貌し、国民から大きな信頼を寄せられる組織となった。

その意味で私は自衛隊が不遇とも言える時代と今日のように国民から信頼される時代の両方を知っている最後の現役自衛官だったかも知れない。その思いから、離任の辞で後輩たちに「我々が歩んできた道は決して間違っていなかったこと」「一方で、信頼は一瞬で崩れ去るものであり、『築城十年、落城一日』との格言にもあるとおり、慢心することなく常に謙虚な心を忘れず、同時に防衛省・自衛隊の一員であることに誇りと自信を持ち続けてほしい」と伝えた。

防衛省の歴代防衛大臣はじめ政務三役、事務次官、防衛審議官、各局長はじめ内部部局、そして関係各省、機関の方々には大変お世話になり、心から感謝申し上げたい。そして、私を指導してくださった先輩、上司、私を助け、ともに歩んでくれた同期生と後輩、そして部下だった人たちに心からのお礼を申し上げたい。

最後にわがままを聞いてもらった。統合幕僚長を最後に離任するが、「軍艦マーチ」と海軍伝統の「帽振れ」で見送ってもらった。これは江田島を卒業し実質的に海上自衛官としてスタートする際に江田島を「軍艦マーチ」と「帽振れ」で送り出してもらったからだ。最後も同じやり方で自衛官人生を締めくくりたかった。

「軍艦マーチ」と皆さんからの「帽振れ」は、感無量だった——。

もう思い残すことはない。私は、心置きなく山崎幸二陸将に統合幕僚長のバトンを渡し市ヶ谷を去った。

十一年前の時とは違って、今度は振り返えることなく市ヶ谷を去ることができた。

上　女性自衛官より花束を受け取る。
下　自衛官最後の日の「帽振れ」に感無量――2019・4・1（市ヶ谷の防衛省にて）。

（上、下共に『週刊新潮』提供）

おわりに

早いもので、退官して三年半年以上が過ぎた。

私は、幸か不幸か自衛隊にとって大きな節目となる出来事のほとんどすべてに立ち会うという数奇な自衛官人生を歩んだ。そこで、これは自分だけの思い出にするのではなく、記録に残しておくべきだと思い筆を執った次第である。

執筆しているうちに改めて痛感したことは、防衛問題とは一部の軍事マニアや軍事オタクのものではなく、常識論だということだ。例えば、自分は何かあったら友人に助けてもらうが、友人に何かあってもお金は出すが助けないという友人関係は常識的にあり得ない。スポーツでもそうだが、守るだけで攻めることをしなければ試合には勝てない。これも常識だ。

今、世界を新型コロナ・ウイルスが席巻し、猛威を振るった。

ポスト・コロナの時代はまだ始まったばかりだ。その意味で、これからの世界は誰も経験したことのない時代に入っていく可能性がある。

世界はグローバル化の動きに歯止めがかけられ、米国はさらに内向き志向となるのか？

米中対立は激しさを増すのか？　中国の海洋進出は勢いを増すのか？　サプライ・チェーン等世界の経済構造は大きく変わるのか？　北朝鮮問題の行方はどうなるのか？

ウクライナ戦争は、そして中東情勢はどうなっていくのか。いずれも今の段階では何とも言えない。

ただ、尖閣を巡る情勢は厳しさを増してくると思う。中国の海洋戦略から言えば、今般「国家安全維持法」が導入され一国二制度が事実上破棄された香港、台湾そして尖閣は連動していると見るべきだ。

その意味で、後輩たちが直面する世界はより混迷を深めたものになるだろう。後輩たちにはどうか頑張ってほしいと思う。私も、防衛省・自衛隊から受けた御恩をいくらかでも返せるように、及ばずながら出来る限り、外から応援していくつもりだ。

最後にこの言葉で締めくくりたい。東郷平八郎連合艦隊司令長官が、日露戦争が終結し、連合艦隊を解散した際の辞の一節である。

「神明は唯平素の鍛錬に努め戦わずして既に勝てる者に勝利の栄冠を授くると同時に、一勝に満足し治平に安んずる者より直ちにこれを奪う。古人曰く勝って兜の緒を締めよと」

河野克俊

令和五年十二月吉日

河野克俊年譜

年号	個人	社会・国際
1954 昭和29	11月28日 函館市で誕生(父克次・海上自衛隊函館基地隊司令)	3.1 第五福竜丸、ビキニの米水爆実験により被爆 6.9 防衛庁設置法、自衛隊法公布(7.1 陸海空・自衛隊発足) 9.26 青函連絡船・洞爺丸沈没事故(死者・行方不明者1155人)
1972 昭和47	11月 防衛大学校受験	2.21 ニクソン米大統領電撃訪中 4.6 ベトナム北爆再開 1.24 横井庄一元軍曹、グアム島より帰国 2.19 浅間山荘事件 5.15 沖縄本土復帰 7.7 田中角栄内閣発足、 9.29 日中共同声明、日中国交樹立
1973 昭和48	2月 防衛大合格発表・不合格 4月1日 防衛大補欠合格通知着信 4日着校 5日入校	9月「長沼ナイキ訴訟」第一審で自衛隊違憲判決が下る
1974 昭和49		3.10 小野田寛郎元陸軍少尉、ルバング島より帰国 9.1 原子力船むつ、放射能漏れ事故
1977 昭和52	3月 防大機械工学科卒業(日本機械学会畠山賞受賞) 3月27日 海上自衛隊入隊(一等海曹) 4月5日 江田島の海上自衛隊幹部候補生学校入校	9.28 日本赤軍、よど号ハイジャック事件 12.21 防衛庁設置法、自衛隊法改正案成立(自衛官1807人の定数増などを決定) 12.28 国防会議、次期主力戦闘機にF15イーグル、対潜哨戒にP3Cオライオン採用を決定
1978 昭和53	3月 幹部候補生学校首席卒業 7月7日 遠洋練習航海出港 11月 遠洋練習航海より帰港、三尉として「はるな」の水雷士に配置される 江田島の第一術科学校任務課程学生 12月25日 父克次死去	7.28 栗栖弘臣統幕議長、『週刊ポスト』誌上の「自衛隊の緊急時の超法規的行動」発言(有事法制の早期整備を主張)で解任。福田首相、「有事立法研究の促進」を指示。これにより国防論議のタブーが破られ、以後多くの国防論議が巻き起こるきっかけとなった 11.27 日米安全保障協議委員会「日米防衛協力のための指針(ガイドライン)」を決定(有事に備え、米軍と自衛隊の共同対処行動を定める)
1979 昭和54	夏「しらね」艤装員(水雷士要員)に配置	1.29 防衛庁、国後・択捉にソ連軍地上部隊と基地建設の事実を公表 7.17 防衛庁、55年度から59年度までの5カ年防衛力整備計画決定 7.25 山下元利防衛庁長官、現職長官として初の韓国訪問。防衛分野での日韓関係緊密化 2月 中越戦争 10.26 朴正煕韓国大統領暗殺事件 12月 ソ連、アフガン侵攻
1980 昭和55	幹部候補生学校教官(幹事付)となる(二尉)	2.26 海上自衛隊「ひえい」「あさかぜ」環太平洋合同演習(リムパック)初参加。国会で論議 12.12 日米防衛首脳定期協議。米、日本の防衛力増強を強く要請 5.27 韓国・光州事件(9月、全斗煥 大統領就任) 9月 イラン・イラク戦争

年号	個人	社会・国際
1981 昭和56		1.29 民社党 ・ 佐々木良作「自衛隊合憲確認のための国会決議」提唱 4.8 防衛庁、日本が武力攻撃を受けた場合の陸海空自衛隊の対処についての「防衛研究」を鈴木善幸首相に提出 11.3 海上自衛隊の観艦式、8年ぶり実施
1983 昭和58	第一術科学校中級課程学生	3.21 米原子力空母エンタープライズ15年ぶりに佐世保寄港 9.1 ソ連軍機が大韓航空機撃墜
1984 昭和59	「はるゆき」艤装員(水雷長要員)に配置	3月～ 青酸入り菓子をばらまいて食品企業を脅迫する「グリコ・森永事件」発生
1985 昭和60	3月 海上幕僚監部の総務課総務班に配置	6.6 自民党、国家秘密法(スパイ防止)案を衆院に提出(12.21廃案) 8.12 日航ジャンボ機、御巣鷹山に墜落
1987 昭和62	11月 筑波大学大学院受験	5.20 防衛費5.2％増でGNP比1％枠突破(1％枠撤廃) 11.29 大韓航空機爆破事件
1988 昭和63	1月 三佐に昇任 4月 筑波大学大学院修士課程地域研究科に入学	7.23 横須賀沖で自衛隊潜水艦「なだしお」と釣り船第一富士丸が衝突、30人死亡 9月 天皇陛下の容態悪化、行事や興業、宣伝活動の自粛
1989 昭和64 (平成1)	筑波大学大学院に通いながら指揮幕僚課程を履修	1.8 平成と改元(2.24 大喪の礼) 5.18 天安門事件 11.10 ベルリンの壁崩壊 12.22 ルーマニアのチャウシェスク独裁政権崩壊
1990 平成2	3月 海上幕僚監部防衛課防衛班に配置	バブル崩壊 11.12 天皇陛下即位の礼 10.3 東西ドイツ統一
1991 平成3	7月 二佐に昇任	1.17 湾岸戦争勃発 4.26 ペルシャ湾に海上自衛隊の掃海艇派遣 6.3 雲仙普賢岳噴火 12.30 ソ連解体
1992 平成4	8月10日 護衛艦「おおよど」艦長に着任	6.14 PKO協力法案成立 9.17 PKO部隊の自衛隊第一陣、呉港より出発
1993 平成5	8月 防衛課防衛班に戻る	7.12 北海道南西沖地震(奥尻島) 8.4 宮沢内閣の河野洋平官房長官、従軍慰安婦「強制連行」を認めて謝罪(河野談話) 8.9 細川護熙・非自民6党連立内閣発足
1994 平成6		6.30 村山富市内閣発足 7.18 村山首相、臨時国会で自衛隊合憲表明 6.28 松本サリン事件
1995 平成7		1.17 阪神淡路大震災 3.20 地下鉄サリン事件 8.15 戦後50年の村山談話「お詫び」表明
1996 平成8	1月1日 一佐に昇任 夏 アメリカ海軍大学(ロードアイランド州ニューポート)留学	1月 橋本龍太郎内閣発足

年号	個人	社会・国際
1997 平成9	米海軍大学卒業論文で最優秀賞受賞 8月1日 第一護衛隊群司令部の首席兼作戦幕僚に着任	9.23 日米政府、有事の対米協力拡大を含む「日米防衛協力のための指針(ガイドライン)」合意 11月、北海道拓殖銀行、山一証券が破綻。不況が目に見えて深刻化
1998 平成10	12月8日 海上幕僚監部防衛部防衛課防衛調整官	8.31 北朝鮮「テポドン1号」発射、三陸沖に落下
1999 平成11	12月10日 第三護衛隊司令	3月下旬、能登半島沖の不審船事案勃発 5.24 新たな日米防衛協力のための指針(ガイドライン)関連法が可決、成立 8.9 日の丸・君が代を国旗・国歌とする法律が可決、成立
2000 平成12	6月30日 海上幕僚監部防衛部防衛課長着任	3.26 プーチン、ロシア大統領に就任(9月3日来日) 6.28 美保基地所属の航空自衛隊C-1輸送機、隠岐諸島沖で墜落 9.8 海自の萩崎繁博三佐、スパイ容疑で逮捕(萩崎事件)
2001 平成13		2.10 宇和島水産高校実習船「えひめ丸」がハワイ沖で米原子力潜水艦と衝突、沈没 9.11 米同時多発テロ 9.19 米軍によるテロ報復攻撃への支援に自衛隊派遣を決定 9.21 横須賀基地を出港する米空母「キティホーク」を日本の護衛艦2隻が護衛 11.9 インド洋補給オペレーションのため補給艦「はまな」、護衛艦「くらま」「きりさめ」出港
2002 平成14	8月1日 海将補に昇任 12月2日 舞鶴の第三護衛隊群司令に転出	9.17 小泉首相、北朝鮮訪問、 10.15 拉致被害者5人帰国 12.16 新テロ特別措置法による米英軍後方支援のため海自のイージス艦をインド洋に派遣
2003 平成15	7月 インド洋補給オペレーションに参加。旗艦「はるな」で指揮を執る	3.20 米英有志連合軍、大量破壊兵器保持を理由にイラクに軍事介入(イラク戦争) 6.6 「有事関連3法」(武力攻撃事態法案,安全保障会議設置法改正案,自衛隊法改正案)成立 7.26 イラク復興支援特別措置法成立。 12.26 第1陣として空自先遣隊がクウェート、カタールに出発
2004 平成16	3月29日 佐世保地方総監部幕僚長に着任	1.9 陸自の先遣隊(約30人)と航空自衛隊の本隊(約150人)にイラク派遣命令 2.20 海自の輸送艦「おおすみ」と護衛艦「むらさめ」クウェートに向け出港 10.23 新潟中越地震
2005 平成17	7月28日 海上幕僚監部監理部長 (翌年3月、海幕組織改編により総務部長)	1.7 スマトラ沖大地震被災地に陸海空自衛隊を派遣 10.29 自民党新憲法草案発表、自衛軍保持を明記

年号	個人	社会・国際
2006 平成18	8月4日 海上幕僚監部防衛部長	3月 防衛庁、統合幕僚監部を設置 5.31 イラクのサマワで日本の陸上自衛隊の車列を狙った爆弾テロ(怪我人なし) 7.5 北朝鮮、テポドン2号など7発の弾道ミサイルを日本海に向けて発射 7.25 イラクで人道支援を行っていた陸上自衛隊の最後の280名が帰国 9.26 安倍晋三内閣誕生 10.9 北朝鮮、核実験を強行
2007 平成19		1.9 防衛庁から防衛省に移行 2.5 中国の海洋調査船、尖閣・魚釣島付近で無断調査、尖閣諸島の領有権主張 2.17 米空軍、ステルス戦闘機F-22 ラプターを米国外では初めて沖縄嘉手納基地に配備 2.26 日米共同訓練を初めて航空自衛隊築城基地で行うことに日米政府が合意 7.16 中越沖地震、柏崎刈羽原発で原子炉が緊急停止 9.25 安倍内閣総辞職、福田康夫内閣誕生 10月 米空母への自衛艦間接給油問題が国会で追及 11.1 テロ対策特別措置法期限切れ，インド洋上で給油活動をしていた海上自衛隊は撤収、6年間にわたった活動中断 11.28 東京地方検察庁、「防衛省の天皇」守屋武昌前事務次官とその妻を収賄容疑で逮捕
2008 平成20	3月24日 イージス艦衝突事故の責任をとり掃海隊群司令に更迭 11月7日 田母神航空幕僚長解任に伴い海将に昇任、第33代護衛艦隊司令官に就任	2.19 海自護衛艦「あたご」と漁船が衝突(イージス艦衝突事故) 5.12 中国四川省で大地震 9.15 米大手銀行リーマン・ブラザーズ破綻、金融危機が世界に波及し株価暴落(リーマンショック) 10.31 航空自衛隊田母神俊雄幕僚長が「田母神論文問題」で更迭
2009 平成21		4.5 北朝鮮「テポドン2号」発射 5.25 二度目の核実験 6.11 新型インフルエンザ、WHOがパンデミック宣言 9.16 民主党・鳩山内閣発足、政権交代
2010 平成22	7月26日 第5代統合幕僚副長	9.7 尖閣諸島中国漁船衝突事件 11.4 海上保安官・一色正春氏がYouTubeに映像流出 11.23 北朝鮮、韓国・延坪島砲撃
2011 平成23	8月5日 第45代自衛艦隊司令官	3.11 東日本大震災発生、福島第一原発事故 5.1 米軍、同時多発テロの首謀者とされるアルカイダの首領ウサマ・ビンラディンを殺害 11.29 防衛省沖縄防衛局の田中聡局長、不適切発言で更迭 12.17 北朝鮮・金正日総書記死去、金正恩が後継者に

年号	個人	社会・国際
2012 平成24	7月26日 第31代海上幕僚長に就任	4.13 12.12 北朝鮮、長距離弾道ミサイル発射 8.10 韓国・李明博大統領、竹島上陸 9.11 日本政府、尖閣3島を購入し、国有化 10月 オスプレイ12機が米軍普天間飛行場(沖縄県宜野湾市)に配備 11.15 習近平、中国共産党総書記に 12.16 衆院選で自公圧勝し政権奪還。第二次安倍政権発足へ 12.19 朴槿惠、韓国大統領に当選
2013 平成25		1.16 アルジェリアの天然ガス関連施設をイスラム武装勢力が襲撃、プラント建設大手「日揮」の日本人10人を含む人質が犠牲に 11.23 中国政府が沖縄県・尖閣諸島を含む東シナ海に「防空識別圏」を設定 12.6 特定秘密保護法成立
2014 平成26	10月14日 第5代統合幕僚長に就任	2月 ウクライナ危機。南部クリミア半島にロシアが軍事介入、3月ロシア編入 6月、IS「イスラム国」樹立を宣言し勢力拡大。米国を中心とした有志連合が空爆開始 7.1 集団的自衛権の行使を容認する憲法解釈の変更を閣議決定 8月、朝日新聞社が従軍慰安婦に関する吉田清治証言を虚偽と認めて記事を取り消し、9月、福島第1原発事故をめぐる吉田昌郎元所長の「吉田調書」報道の誤りを認めて謝罪 9.27 御嶽山噴火 9～12月、香港で民主を求める10万人デモ(雨傘革命)
2015 平成27		1月、ISが邦人人質二人を殺害 8.14 安倍首相、戦後70年談話発表 9.19 集団的自衛権の行使、米軍への後方支援拡大を柱とする安全保障関連法成立 10月 中国が軍事拠点化を進める南シナ海で米海軍が「航行の自由作戦」敢行 10.29 米軍普天間飛行場の辺野古移設、着工
2016 平成28	11月28日 定年延長(6カ月)	1.6、9.9 北朝鮮が2度の核実験実施 4.14 熊本地震 5.26、27 伊勢志摩G7サミット。各国首脳、伊勢神宮を訪問 5.27 オバマ米大統領広島訪問、慰霊碑に献花 12.27 安倍首相、真珠湾を訪問し犠牲者を慰霊 6月 国民投票によりイギリスのEU離脱が決定 8.8 天皇陛下、ビデオメッセージで譲位のご意向を表明 11.8 米大統領選でトランプ氏勝利

年号	個人	社会・国際
2017 平成29	5月28日　定年延長（1年）	2.13 金正男氏、マレーシア空港で暗殺 5.9 韓国、朴槿恵大統領の罷免を受けて文在寅革新政権が誕生 6.15 組織的犯罪処罰法（1999年制定）を改正し、「テロ等準備罪」を新設 7.28 南スーダンPKO部隊が破棄していたとする日報を陸自が保管していた問題で稲田朋美防衛大臣辞任 9月 北朝鮮、6回目の核実験。同時にICBM発射実験を繰り返し米朝関係が緊迫。自衛隊と米空母が日本海で共同訓練を行い、日本政府は陸上配備のイージス・アショア導入を決定
2018 平成30	5月28日　定年延長（1年）	4月 陸上自衛隊イラク派遣部隊の日報が見つかり、公表。防衛省は組織的隠蔽を否定 4.27 北朝鮮の金正恩委員長が38度線を越え文在寅韓国大統領と首脳会談（5.26再会談） 6.12 シンガポールでトランプ米大統領と金正恩委員長による史上初の米朝首脳会談。「朝鮮半島の完全な非核化」を目指すと明記した共同声明を発表 10.30 韓国最高裁、日本企業に元徴用工への賠償を命じる 12.20 韓国海軍の駆逐艦が海自のP-1哨戒機にレーダー照射。日本の抗議に対し、韓国は自衛隊機が威嚇飛行を行ったと主張 12.1 ファーウェイの孟晩舟CFO、米国の要請によりカナダで逮捕。対イラン経済制裁違反容疑で
2019 平成31 (令和1)	4月1日 退官、同25日 防衛省顧問 9月11日 免 防衛省顧問	1.3 徴用工訴訟をめぐり、韓国地裁支部が新日鉄住金（現・日本製鉄）の資産差し押さえを認める 2.27,28 ハノイで2度目の米中首脳会談。非核化交渉決裂 4.8 中国海警局の4隻 が尖閣諸島沖の領海を航行。中国海警局の尖閣領海侵入が相次ぐ 4.9 航空自衛隊三沢基地所属の最新鋭ステルス戦闘機Ｆ35Ａが 青森県沖で墜落、消息を絶つ 4.25 ロシアのプーチン大統領と北朝鮮の金正恩委員長、ウラジオストクで初の首脳会談
		5.1 元号を令和と改元 5.15 米国、ファーウェイへの輸出を規制 5.25 トランプ大統領来日 6.9 香港で「逃亡犯条例」改正案に反対する大規模デモ。200万人が参加（6.16） 6.13 ホルムズ海峡で日本とノルウェーのタンカー2隻が襲撃される

年号	個人	社会・国際
2019 令和1		6.20、21 中国の習近平国家主席が初訪朝、中朝首脳会談 6.28、29 G20大阪サミット 7.4 日本、フッ化水素などの韓国への輸出を厳格化 8.2 韓国のホワイト国からの除外を閣議決定(28日に施行) 8.22 韓国、GSOMIA破棄を決定(後に撤回) 8.3 愛知県で開催されていた「表現の不自由展」、抗議が殺到して中止 9.1 米中、制裁・報復関税「第4弾」を互いに発動 10.27 IS(イスラム国)指導者バグダディ容疑者が米軍事作戦で死亡
2020 令和2		1.7 中国・武漢市から世界に感染拡大中の新型肺炎が新種のコロナウイルスによるものと判明 1.31 イギリス、正式にEU離脱 2.2 海上自衛隊・護衛艦「たかなみ」を日本関係船舶の安全確保に向けた情報収集のため中東海域に派遣(6月30日帰港) 2.3 横浜港に停泊した英国船籍のクルーズ船ダイヤモンド・プリンセス号で新型コロナ集団感染発生 3.24 2020年東京オリンピック・パラリンピックが来年に延期決定 4.7 新型コロナウイルスの感染拡大に安倍首相が7都府県に対し緊急事態宣言発令 4月以降、コロナ禍に乗じて中国海警局公船の尖閣諸島沖領海への侵入が日常化。5月、7月には日本漁船追尾も 5.20 トランプ米大統領、新型コロナウイルスの感染拡大で多数の犠牲者が出ていることについて、「世界規模の大量殺人を引き起こしたのは中国の無能さにほかならない」とツイート。新型コロナに関する情報隠蔽と、パンデミック後の中国の高圧的かつ独善的な態度に国際的な対中批判が起こる 6.16 北朝鮮が韓国の脱北者団体による体制批判ビラ散布に怒り、韓国特使派遣を拒否したうえ報復として南北和解の象徴・開城の南北共同連絡事務所を爆破 6.25 河野太郎防衛大臣、安全性の裏付け不十分を理由に山口県と秋田県への「イージス・アショア」配備断念を表明 6.30 中国、香港における反政府デモ弾圧のための香港国家安全法案を可決。一国二制度を形骸化するものとして国際的な批判を浴びる 7.23 ポンペオ米国務長官、中国批判演説 7.30 台湾の李登輝元総統死去

河野克俊（かわの　かつとし）
1954年（昭和29年）、北海道生まれ。昭和52年に防衛大学校機械工学科卒業後、海上自衛隊入隊。第３護衛隊群司令、佐世保地方総監部幕僚長、海上幕僚監部総務部長、海上幕僚監部防衛部長、掃海隊群司令、海将に昇任し護衛艦隊司令官、統合幕僚副長、自衛艦隊司令官、海上幕僚長を歴任。平成26年、第５代統合幕僚長に就任。３度の定年延長を重ね、在任は異例の４年半に渡った。平成31年４月退官。川崎重工業（株）顧問。本書が初めての著書。他に『リーダー３つの条件』(ワック、門田隆将氏との共著）がある。

統合幕僚長《とうごうばくりょうちょう》
我《わ》**がリーダーの心得**《こころえ》

2023年12月25日　初版発行

著　者　河野 克俊

発行者　鈴木 隆一

発行所　ワック株式会社
東京都千代田区五番町 4-5　五番町コスモビル　〒 102-0076
電話　03-5226-7622
http://web-wac.co.jp/

印刷製本　大日本印刷株式会社

ISBN978-4-89831-895-9